La calidad del agua y sus diversas implicaciones sobre las poblaciones asentadas en las zonas costeras de América Latina
El caso de Ecuador y México

Diversas implicaciones de la contaminación del agua
en zonas costeras de América Latina

autores
Rubén de Jesús Solís Mecalco
Sandra Solórzano Barcia
Tania Maldonado Sabando

coordinador
Rubén de Jesús Solís Mecalco

ECOSUR
EL COLEGIO DE LA FRONTERA SUR
2016
México-Ecuador

La calidad del agua y sus diversas implicaciones sobre las poblaciones asentadas en las zonas costeras de América Latina. El caso de Ecuador y México

---

Primera edición, 2016.

Coordinación de obra: Rubén de J. Solís Mecalco

Fotografía de portada: Rubén de J. Solís Mecalco

Diseño de cubierta: Daniela Gallardo Olimón

Publicación arbitrada por el Comité Editorial de El Colegio de la Frontera Sur

www.ecosur.mx
El Colegio de la Frontera Sur
Carretera Panamericana y Periférico Sur s/n
Barrio de María Auxiliadora
CP 29290
San Cristóbal de las Casas, Chiapas

ISBN-México: 978-607-8429-20-2
ISBN-Ecuador: 978-9942-20-994-8

ECOSUR

EL COLEGIO DE LA FRONTERA SUR
Impreso y hecho en México
Printed and made in Mexico

Índice

Presentación del coordinador

Por Rubén de J. Solís Mecalco[1]

El presente trabajo es un esfuerzo internacional, desde la perspectiva de colaboración Sur-Sur[2], por retratar desde diferentes ámbitos cómo la mala calidad del agua tiene repercusiones inmediatas o potenciales para las poblaciones asentadas en las zonas costeras de América Latina, con especial énfasis en poblaciones costeras de la región de Manabí en Ecuador y de Yucatán en México. De esta forma se pretende abordar la problemática del recurso desde una perspectiva regional, evidenciando los retos que como sub-continente debemos afrontar y sentando las bases de problemáticas que en algunos casos se pensaban superadas o inexistentes.

Es un llamado de atención contemporáneo a nuestras sociedades y gobiernos, para evidenciar una serie de problemáticas relacionadas con el recurso agua, que más allá de ser resueltas se han incrementado, sin que ello pareciera causar algún tipo de movilización o atención especial por ninguna de las dos partes.

Espero que el presente libro tenga una aportación relevante en el debate de un recurso tan vital y en peligro como lo es el agua, del cual se dice mucho pero en términos prácticos y locales latinoamericanos pareciera no haber un gran avance.

[1] Maestro en Ciencias en Recursos Naturales y Desarrollo Rural. Asistente de investigación de El Colegio de la Frontera Sur, México, rubjsol@gmail.com o rsolis@ecosur.edu.mx

[2] De Sousa Santos, Boaventura, (2009). Una epistemología del Sur: La reinvención del conocimiento y la emancipación social. México: Siglo XXI: CLACSO.

Capítulo 1

Contaminación del agua en zonas costeras y sus implicaciones en los ecosistemas marinos y las poblaciones humanas. Casos de estudio en Manta, Ecuador y la costa de Yucatán, México

Por Rubén de J. Solís Mecalco[3] y Tania Maldonado[4]

Introducción

Entre los sistemas que integran ambientes terrestres y acuáticos destaca de manera particular la zona costera, que puede definirse como un área donde tienen lugar interacciones entre procesos marinos, atmosféricos, terrestres, fluviales, subterráneos y antrópicos, lo que le confiere, no sólo riqueza de paisaje, sino también altas diversidad y productividad biológicas y hacen de la zona costera un sitio atractivo para nuevos asentamientos humanos y para el desarrollo de actividades económicas (Herrera-Silveira *et al.*, 2004).

La línea de costa y humedales de países tropicales y subtropicales ha estado sujeta a una creciente explotación por parte de las poblaciones humanas durante las últimas décadas (Herrera-Silveira *et al.*, 2004). América Latina ha sido una de las regiones donde más se ha intensificado el asentamiento de poblaciones en regiones costeras. Sin embargo, estos aumentos poblacionales se dan de manera no planificada y generan la degradación de los recursos naturales, donde el recurso hídrico es uno de los más afectados.

Según el Grupo de Expertos en Aspectos Científicos de la Protección del Medio Marino (GESAMP, por sus siglas en inglés) (1977), la introducción que el hombre hace, de forma directa o indirecta, de sustancias o energía en los ambientes costeros y marinos, puede producir efectos nocivos en los recursos vivos, en la salud humana, alterar el ecosistema marino y las actividades económicas y recreacionales asociadas a él, como la pesca y el turismo. Estas sustancias contaminantes se pueden clasificar en biológicas, físicas y químicas, y pudieran provenir de fuentes naturales como vulcanismo, erosión y lixiviación (Tebbut, 1994); así como de actividades antropogénicas (Botello, 1991; Albert, 1997).

---

[3] Maestro en Ciencias en Recursos Naturales y Desarrollo Rural. Asistente de investigación en El Colegio de la Frontera Sur, México, rubjsol@gmail.com o rsolis@ecosur.edu.mx
[4] Magíster en Gestión Ambiental. Profesora de la Facultad de Ciencias del Mar, de la Universidad Laica Eloy Alfaro de Manabí, Manta, Ecuador, tania.maldonado@uleam.edu.ec

En este sentido, es ampliamente reconocido que los países que no pueden planificar su estrategia de desarrollo económico en armonía con la conservación de los recursos naturales y su manejo, quizá no pueden sustentar ninguna clase de progreso en las áreas de salud, alimentación, vivienda, energía y otras necesidades apremiantes (Herrera-Silveira *et al.*, 2004).

Degradación de la calidad del agua en zonas costeras

Los océanos operan como gigantescas plantas de tratamiento de residuos, pero al superarse el umbral de lo que pueden tolerar, se generan grandes daños a la fauna y la flora e inconvenientes económicos, crisis sanitarias y envenenamientos de la población humana en el corto y el largo plazos (Lara-Martín *et al.*, 2005).

Existen diversos tipos de contaminación marina: por eutrofización, por pesticidas, agentes microbiológicos, metales pesados e hidrocarburos. El fenómeno de eutrofización de las aguas consiste en el desarrollo excesivo de la vegetación acuática debido a acumulación de nutrientes. Los pesticidas utilizados en la agricultura son muy perjudiciales para el medio ambiente, pues al ser largo su periodo de actuación, pueden permancer durante mucho tiempo en los vegetales, frutos, la tierra, o ser arrastrados al mar por las aguas superficiales o subterráneas, o dispersarse por medio del aire. De esta forma se intregran a la cadena trófica y llegan incluso al ser humano (Ramalho, 1996).

Clasificación de los contaminantes del agua

Los contaminantes del agua pueden ser físicos, químicos o biológicos. Los químicos, a su vez, se dividen en orgánicos e inorgánicos; los orgánicos utilizan oxígeno en el proceso de degradación biológica de dichos compuestos, por lo que su presencia en el agua disminuye. Si la contaminación deriva de la presencia de compuestos inorgánicos en ella, es posible que su efecto sea tóxico y más grave que la reducción de oxígeno (Lara-Martín *et al.*, 2005).

Los metales pesados presentes en las aguas residuales industriales son otra fuente de contaminación –arsénico, mercurio, zinc, cromo, cobre, níquel, plomo, cadmio–. Es importante resaltar que en concentraciones mínimas detectables pueden causar serios problemas a la salud de los seres humanos que tengan contacto con ella (Ramalho, 1996).

La degradación biológica de las aguas costeras puede tener diversas causas, siendo una de las principales, el tratamiento inadecuado de las residuales (urbanas, industriales y agrícolas), que la mayoría de las veces son descargadas de forma subterránea y en desembocaduras de algunos ríos (Cupul-Magaña *et al.*, 2006).

Es bien sabido que en estas aguas vertidas hay gran cantidad de contaminantes inorgánicos y de microorganismos patógenos (Preston y Raymundo, 1991; Botello *at al.*, 2005); además, el agua residual origina cambios fisicoquímicos en zonas costeras, debido a la mezcla de agua dulce y salada que tienden a precipitar los diferentes compuestos que quedan atrapados en los sedimentos. Al ser éstos recirculados por la dinámica de estos sistemas, pueden ser biomagnificados (Libes, 1992). Muchos ecosistemas críticos, algunos únicos en el mundo, tales como manglares, arrecifes coralinos, lagunas costeras y otros puntos de interfase entre la tierra y el mar, han sido alterados debido a ello, más allá de su capacidad de recuperación (Escobar, 2002). Dichos cambios en el ambiente también representan un peligro potencial para la salud humana.

Los contaminantes o sustancias xenobióticas, son aportados por fuentes fijas y difusas; las primeras corresponden a las plantas industriales, desechos municipales y sitios de construcción de nuevos edificios o zonas habitacionales. Los aportes por fuentes industriales son por lo general nutrientes, metales pesados y compuestos orgánicos específicos que influyen en propiedades químicas del medio marino tales como el pH, salinidad, demanda de oxígeno, dureza, etcétera. Los componentes de los desechos son microorganismos patógenos, nutrientes y carbono orgánico, los cuales se encuentran combinados con aceites, grasas y productos químicos derivados de las industrias. Las fuentes difusas corresponden a la agricultura: el uso de plaguicidas e insecticidas, así como el aporte de residuos de insumos agrícolas y restos de vegetales y animales (GESAMP, 2001).

De los xenobióticos, 90% es transportado desde los ríos hasta el mar, aunque los estuarios, canales y otros cursos de agua, incluidas las filtraciones provenientes de flujos superficiales y subterráneos, también arrastran estas sustancias al medio marino (Escobar, 2002). Las corrientes de aire y las precipitaciones pluviales (transporte atmosférico) de igual forma arrojan este tipo de desechos particulados a los sistemas acuáticos (Calva *et al.*, 2001).

Calidad del agua para consumo humano y su impacto en las poblaciones asentadas en las zonas costeras

En la actualidad, el suministro de agua es insuficiente y su calidad es deficiente debido a la mala planeación de los asentamientos humanos, lo que genera una serie de problemas que afectan a la población. De acuerdo con datos de la Organización Mundial de la Salud (OMS, 2007), 1 100 millones de personas no tienen acceso a alguna fuente mejorada de agua potable y un número aún mayor bebe agua en extremo contaminada.

Los países de América Latina, entre ellos Ecuador y México, no tienen cobertura total en cuanto al abastecimiento y al saneamiento del agua. Este problema se agrava en los aspectos de calidad y protección del recurso hídrico (Miranda et al., 2010). En el año 2004, la Organización Panamericana de la Salud (OPS, 2011) estimó que el número de muertes por causas relacionadas con agua y saneamiento en América Latina y el Caribe fue de 95 000 y más de la mitad de ellas se debió a diarreas agudas.

Estudios de la OPS (2011) reportan que la mayoría de las personas sin acceso a los servicios de agua potable y saneamiento pertenece a grupos de escasos ingresos que se concentran en las zonas rurales y en los cinturones de pobreza establecidos en las periferias de muchas ciudades.

Es importante destacar que, si bien al abordar la temática de contaminación del agua en zonas costeras, es común pensar en primera instancia en la contaminación de los mares, océanos y vida marina, sin embargo, existen otras aristas de la contaminación del recurso hídrico en las zonas costeras con diferentes implicaciones para las poblaciones humanas ahí asentadas y que también serán abordadas en el presente libro.

Casos de estudio en zonas costeras de Ecuador y México

Diferentes fuentes de contaminación del agua marina y sus múltiples implicaciones en la ciudad costera de Manta, Manabí, Ecuador

La provincia de Manabí se ubica en el centro del Ecuador, es decir, en el centro del mundo. Tiene una superficie aproximada de 18 878 km^2 y está al oeste del océano Pacífico. Posee 350 kilómetros de playa y atraviesa el paralelo 0 en su parte norte. Su población es cercana a los 1 180 335 habitantes (I-TUR, 2012).

El cantón[5] de Manta, uno de los puertos principales del país (Figura 1), cuenta con atractivos naturales, entre los que podemos mencionar las playas de los Esteros, Tarqui, Barbasquillo, La Tiñosa, San Lorenzo (playa y mirador), Ligüique, Santa Marianita, San Mateo, Santa Rosa, Las Piñas y El Murciélago. En estos escenarios se desarrollan actividades recreativas ligadas al turismo de aventura, como el *surf*, *kitesurf*, *jetskiing*, velerismo, *snorkeling*, alas delta, entre otras (ITUR, 2012; INOCAR, 2012).

Al mismo tiempo, este puerto cuenta con gran cantidad de industrias pesqueras, cuyas aguas residuales desembocan al mar y a los ríos colindantes. La combinación de estas descargas en conjunto con las provenientes de las alcantarillas de la ciudad, hace necesaria la realización de estudios que verifiquen la calidad del agua, tanto de las playas para uso recreativo, como de las aguas residuales que provienen de las industrias, ya que aún no se cuenta con datos confiables al respecto. En esta región, la falta de información y de estudios es el principal problema para la conformación de propuestas viables para la solución de la problemática del agua contaminada y sus diferentes repercusiones en Manta y las demás zonas costeras del Ecuador.

Ante la falta de estudios en la zona, Maldonado[6] desarrolló, a manera de ejercicio para contextualizar la problemática en la zona, un pequeño estudio durante la época de invierno (mayo), para evaluar la calidad bacteriológica del agua de mar en las playas El Murciélago y Tarqui de Manta, en el que cuantificó los enterococos fecales en el agua marina y obtuvo un resultado de concentraciones mayores a 1 600 NMP/ml en ambas playas (Anexo 1). Al ser comparados estos valores con los de referencia establecidos por el Standart Methods for the Examination of Water & Wastewater (Eaton et al., 2005) y Semarnat (2007) (Anexo 2), se evidenció que el grado de riesgo

[5] La República del Ecuador está compuesta políticamente por 24 provincias divididas en 219 cantones, que se subdividen a su vez en 1 156 parroquias (Inocar, 2012).

[6] Magister En Gestión Ambiental. Profesora de la Facultad de Ciencias del Mar, de la Universidad Laica Eloy Alfaro de Manabí, Manta, Ecuador y coautora del presente libro.

del agua de ambas playas es alto para uso recreativo. Es importante resaltar que las autoridades de Ecuador no tienen protocolos de vigilancia para playas de uso recreativo, por lo que desconocen dichos resultados. Ésta es una gran carencia en ese país.

Figura 1
Ubicación de la ciudad costera de Manta en Ecuador

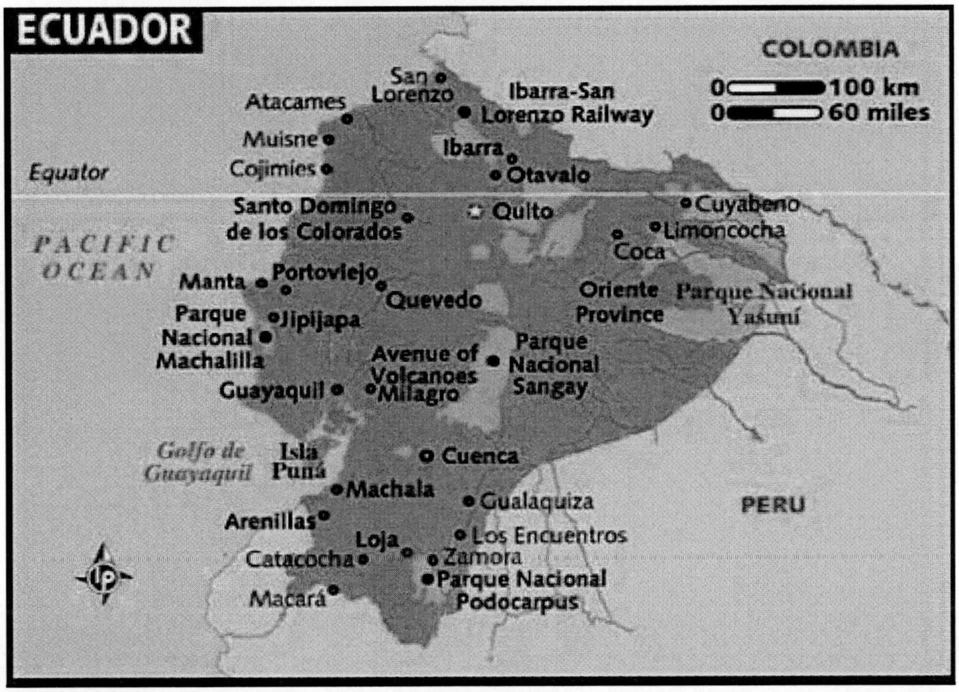

Fuente: Ecuador, 2012.

Contaminación del manto acuífero del estado de Yucatán, México

El estado de Yucatán es el único de la región sureste de México, en el norte de la península del mismo nombre; limita al noroeste con el Golfo de México y al este con el mar Caribe. La naturaleza cárstica de ese estado da lugar a la generación de fracturas y fisuras en el suelo, por donde se filtra rápidamente el agua, haciendo que el agua subterránea sea el único medio de abastecimiento y un recurso muy vulnerable a la contaminación (Pérez y Pacheco, 2004). Dicha vulnerabilidad se agudiza con el paso de los huracanes, fenómenos relativamente frecuentes debido a la ubicación geográfica del estado (Pacheco *et al.*, 2004).

Por otro lado, la dirección del flujo del agua subterránea es de sureste a noroeste, hacia la porción nororiental del litoral costero de Yucatán, donde se descarga toda el agua contaminada del continente (Graniel *et al.*, 2004). Ante este escenario, Pérez y Pacheco establecieron en 2004 una distribución espacial de la vulnerabilidad intrínseca del acuífero por contaminación, en la que el punto máximo se localiza principalmente en la zona costera (Figura 2).

Figura 2

Distribución de la vulnerabilidad intrínseca del Estado de Yucatán

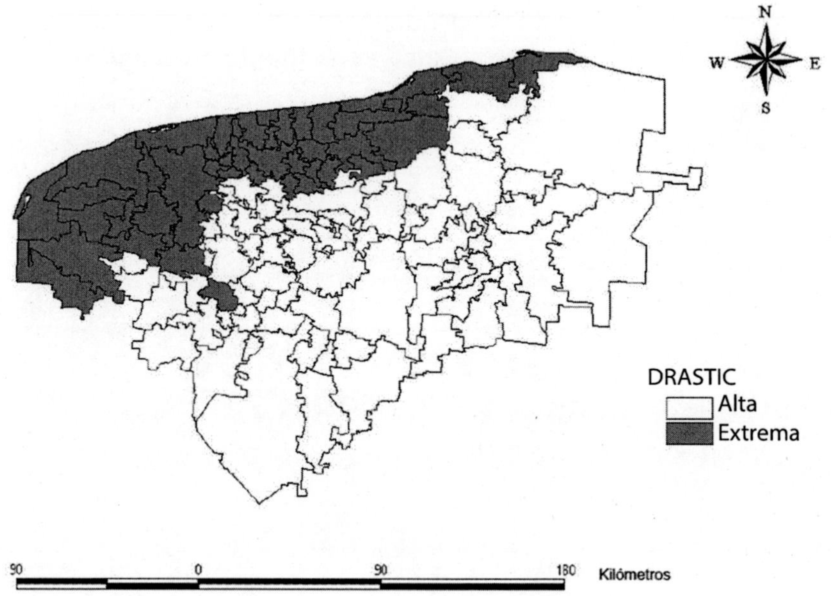

Fuente: Pérez y Pacheco, 2004.

El estudio realizado por Pacheco y colaboradores en 2004, da una idea de la calidad bacteriológica del agua subterránea del estado de Yucatán, clasificada como peligrosa y muy contaminada, sobre todo en el sector oriental y en gran parte de la costa del estado, al exceder por mucho los parámetros indicados en la Norma Oficial Mexicana (1994) (Figura 3), que establece como límite un valor no detectable de organismos coliformes fecales en el agua para uso y consumo humano.

Estos autores hacen hincapié en que la calidad del agua que se abastece por las tuberías, no necesariamente refleja la calidad de la que consume la población, ya que algunas veces, las horas de bombeo no son suficientes y la gente debe almacenarla en depósitos temporales (cubos, cubetas, ollas, etc.) que, en la mayoría de los casos, se dejan a la intemperie y al alcance de los animales domésticos. Pacheco y sus colaboradores recomiendan tomar en cuenta otros factores, como la cobertura, la accesibilidad y la posible contaminación en las redes de distribución.

Tanto la forma de abastecimiento del agua como su utilización son factores que afectan la salud de la comunidad, sobre todo la de los niños, por lo que la cuantificación de las relaciones entre los factores del agua y la salud proporcionaría información de utilidad en la planeación de los servicios de agua y sanitarios para las poblaciones del estado (Alonso y Acosta, 2003).

Figura 3
Coliformes fecales en el agua de los pozos de los sistemas de abastecimiento en las cabeceras municipales del Estado de Yucatán

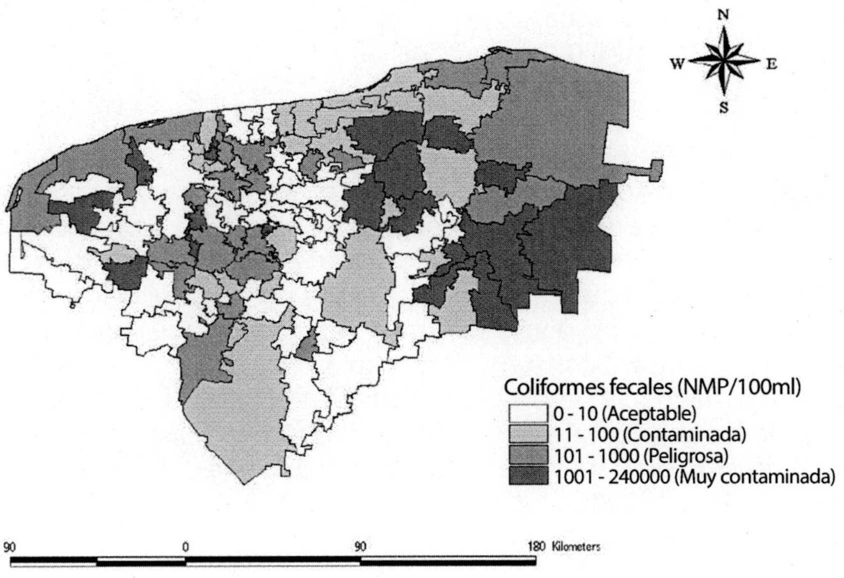

Fuente: Pérez y Pacheco, 2004.

Infraestructura pública, manejo del agua y sus implicaciones en la salud

Hasta el momento, no se cuenta con información actualizada acerca del manejo de las fuentes primarias de abastecimiento de agua para las comunidades y ciudades, ni dentro de los hogares, ni la información que sobre la calidad del agua para consumo humano tiene la población; por lo que los datos presentados en el presente libro podrían aportar a la instrumentación de programas específicos para estas poblaciones y otras en condiciones similares.

La península de Yucatán afronta dos grandes problemas relacionados con el agua potable: su abastecimiento y su contaminación en el proceso de eliminación de las aguas negras. Desde el año 1976 se indicó que, como resultado de la utilización de pozos superficiales para elimminar las aguas residuales, éstas se infiltraban al acuífero contaminándolo y degradando la única fuente de abastecimiento del recurso (Mantilla *et al.*, 2002; COMDA, 2013).

De acuerdo con el Anuario 2011 de la Secretaría de Salud, la segunda causa principal de enfermedad reportada tanto para la población total como para la población menor de cinco años por el sector salud en el estado de Yucatán son las infecciones intestinales. Estos padecimientos están asociados al uso no controlado de agroquímicos y a la disposición inadecuada de los desechos, pues se trata de las principales fuentes de la contaminación del agua subterránea, que a su vez es la única de abastecimiento de los sistemas hídricos municipales (Pacheco et al., 2004). A lo anterior se suma la contaminación por descarga directa de aguas negras sin tratamiento al manto acuífero: los retretes rurales, fosas sépticas y letrinas ubicados cerca de un pozo, arroyo o fuente de agua, así como el fecalismo al aire libre, aún registrado en gran magnitud en Yucatán (Mantilla *et al.*, 2002).

Primeras aproximaciones

En las dos áreas de estudio analizadas en el presente libro –la primera en Manta, Ecuador, y la segunda en diferentes comunidades rurales y urbanas de la costa de Yucatán, México– existen similitudes en cuánto a la falta de información confiable, así como a procesos irregulares y poco precisos en la verificación de la calidad del agua para diferentes usos, como lo son el recreativo (agua de mar), el industrial (aguas residuales) y para consumo humano. Dichas irregularidades podrían estar detrás de la permanencia de problemáticas relacionadas con la calidad del agua a pesar de las leyes ambientales existentes en cada país y de los esfuerzos que cada gobierno ha destinado para mejorar las condiciones de vida de las poblaciones humanas asentadas en la costa.

El análisis aquí propuesto es un intento por abordar la problemática de la contaminación del agua en América Latina, en el que se discuten las similitudes encontradas entre algunos países de la región, así como las herramientas tecnológicas e institucionales con las que cada uno ha intentado mejorar las condiciones sanitarias del recurso agua para evitar, por un lado, la contaminación del ambiente y, por otro, la propagación de problemas de salud en las poblaciones asentadas en las zonas costeras. Lo anterior podría llevar a la generación de propuestas regionales relacionadas con la gestión adecuada del agua para la mejora de su calidad, tanto en el ámbito recreativo (playas), como para su consumo humano.

Referencias

Alonso, J. y Acosta, (2003) "Impacto de las condiciones de abastecimiento y utilización del agua sobre la incidencia de diarrea en niños de la comunidad de Celestún". *Ingeniería*, Vol. 7, Núm. 3, pp. 29-34.

Albert, L.A., (1997) "Contaminación Ambiental" en Albert, L. A. (Ed.). *Introducción a la Toxicología Ambiental*. México, Centro Panamericano de Ecología. 469 p.

Botello, A.V., (1991) "Contaminación de las lagunas costeras" en Figueroa-Torres, Ma. G., C. Álvarez-Silva, A. Esquivel-Herrera y Ma. E. Ponce-Márquez (eds.). Serie Grandes Temas de la Hidrobiología 1: *Fisicoquímica y Biología de las Lagunas costeras Mexicanas*, México, UAMI, D. CBS, 122 p.

Botello, A.V., Rendón-Von Osten, J., Gold-Bouchot, G., y Agraz-Hernández, C. (eds.), (2005) *Golfo de México, Contaminación e Impacto Ambiental: Diagnóstico y Tendencias*, 2ª ed. Universidad Autónoma de Campeche/Universidad Nacional Autónoma de México/Instituto Nacional de Ecología. 696 p

1.5 Calva, L.G.B., Torres, R.A., y Botello, A.V, (2001) "Transporte atmosférico de hidrocarburos fósiles caso: Laguna Sontecomapan, Veracruz". ContactoS, 3ª Época, 39: 9-2
1.6 Coalición de Organizaciones Mexicanas por el Derecho al Agua (COMDA), 2013. http://www.comda.org.mx/documentos-de-las-organizaciones-integrates-de-comda-y-otros-espacios/boletines/9988-crisis-del-agua-en-progreso-yucatan. [Consultado el 18 de octubre de 2013].
Cupul-Magaña, L.A., Mösso-Aranda, C., Sánchez-Arcilla, A., Sierrapedrico, J.P., Fermán-Almada, J.L., Romero, I., y Falco, S. (2006) "Distribución bacteriologíca en el agua de mar en la Bahía Cullera, España". *Ciencias Marinas* 32(2):311-318.
Eaton Andrew D., Clesceri Leonore S., Rice Eugene W., & Greenberg Arnold E., (2005) *Standard methods for the examination of water & waste-water*, 21st Edition. Centennial Edition.
Ecuador, (2012) http://www.ecuador.us/info/map.htm [consultado del 15 de mayo de 2015].
Escobar, J., (2002) "La contaminación de los ríos y sus efectos en las áreas costeras y el mar". Chile, Publicación de las Naciones Unidas. 68 p.
GESAMP, Joint group of experts on the scientific aspects of marine pollution. 1977. *Impact of Oil on the Marine Environment*. Rep. Study No. 6. Rome, FAO.
GESAMP (IMO/FAO/UNESCO–IOC/WMO/WHO/AIEA/UN/UNEP-JOINT GROUP OF EXPERTS ON THE SCIENTIFIC ASPECTS ON MARINE ENVIRONMENTAL PROTECTION), (2001) *Protecting the Oceans from Land-based Activities* GESAMP Reports and Studies (71):162p.
Graniel Eduardo, Vera Irany y González Luis, , (2004) "Dinámica de la interfase salina y calidad del agua en la costa nororiental de Yucatán". *Ingeniería*, Vol. 8, Núm. 3, pp. 15-25, México, Universidad Autónoma de Yucatán.
Herrera-Silveira, J. A., Aranda-Cirerol, N., Troccoli-Ghinaglia, L., Comín Sebastián, F.A., y Madden., C., (2004ª) "Eutrofización Costera en la Península de Yucatán" en Casso, M., I. Pisanty y E. Escurra (Comps.): *Diagnóstico Ambiental del Golfo de México*. Vol.2, pp. 823-850, Semarnat/INE/Inst. de Ecología, A.C./Harte Research Inst. for Gulf of Mexico Studies.
Herrera-Silveira, J. A., Comín-Sebastián, F.A., Capurro-Filograsso, L., (2004b) "Los Usos y Abusos de la Zona Costera en la Península de Yucatán" Pp. 387-396, en Rivera, A. E., Villalobos-Zapata, G., Rosado, M. F., y Azuz, A. I (eds.): *El Manejo Costero en México*. Universidad Autónoma De Campeche/Semarnat-Cetys/Universidad de Universidad de Quintana Roo.
Instituto Oceanográfico de la Armada del Ecuador (Inocar). 2012. *La Patria Empieza en el Mar*. Capítulo I: "Información General de la República del Ecuador", pp. 13-24. http://www.inocar.mil.ec/docs/derrotero/derrotero_cap_I.pdf [consultado el 18 de octubre de 2015]
I-TUR, (2012) Oficina de Información y Atención al Turista "Estadísticas 1997-2011. Arribo de Cruceros al Puerto de Manta".
Lara-Martín, P.A., Gómez-Parra A., Petrovic M., Barceló D. y González Mazo E.. (2005) "Distribución de contaminantes orgánicos en sedimentos costeros de la Bahía de Cádiz (SO de España)". *Ciencias Marinas* 31(1B): 203-212.
Libes, S. M. 1992. *An Introduction to Marine Biogeochemistry*. New York, John Wiley and Sons, Inc.., U.S.A. 734 p.
Mantilla G., Collí J., Pozo F. y Rivas A., (2002) "Saneamiento y salud: impacto de las enfermedades diarreicas agudas en la Península de Yucatán". *XXVIII Congreso Internacio-*

nal de Ingeniería Sanitaria y Ambiental. Cancún, México, 2002.

Miranda, M. Aramburú A., Junco J. y Campos M., (2010) "Situación de la calidad de agua para consumo en hogares de niños menores de cinco años en Perú, 2007-2010". *Rev. Perú Med. Exp. Salud Pública*, Vol. 27, No. 4, pp. 506-511.

NOM-127-SSA1-1994, Norma Oficial Mexicana. Salud Ambiental, agua para uso y consumo humano. Límites permisibles de calidad y tratamientos a que debe someterse el agua para su potabilización.

Organización Mundial de la Salud (OMS), (2007) "Lucha contra las enfermedades transmitidas por el agua en los hogares. Red internacional para la promoción del tratamiento y el almacenamiento seguro del agua doméstica", Suiza, 35 p.

Organización Panamericana de la Salud (OPS), (2011) "Agua y saneamiento: Evidencias para políticas públicas con enfoque en derechos humanos y resultados en salud pública". Washington D. C., E.U.,. 70 p.

Pacheco J., Cabrera A. y Pérez R., (2004) "Diagnóstico de la calidad del agua subterránea en los sistemas municipales de abastecimiento en el Estado de Yucatán, México". *Ingeniería*, Vol. 8, Núm. 2, pp. 165-179.

Pérez y Pacheco; (2004) "Vulnerabilidad del agua subterránea a la contaminación de nitratos en el estado de Yucatán". *Ingeniería*, Vol. 8, Núm. 1, pp. 33-42.

Preston, M.R. y C. Raymundo, (1991) "The distribution of linear alkylbenzenes in coastal and estuarine sediments of the western North Sea". *Marine Pollution Bulletin 24(3): 138-146.*

Ramahlo R. S., (1996) *Tratamiento de aguas residuales*, 1ª edición, Editorial Reverté, España.

Secretaría de Medio Ambiente y Recursos Naturales, (2007) "Impacto de la actividad turística en la calidad bacteriológica del agua del mar". *Rev. Gaceta Ecológica*, enero-marzo, Núm. 082. SEMARNAT, Distrito Federal, México.

Tebbutt, T.H.Y., (1994) *Fundamentos de control de la calidad del agua*. México, Limusa, 239p.

1.8 Anexos

Anexo 1

Resultados de los análisis bacteriológicos en las playas El Murciélago y Tarqui

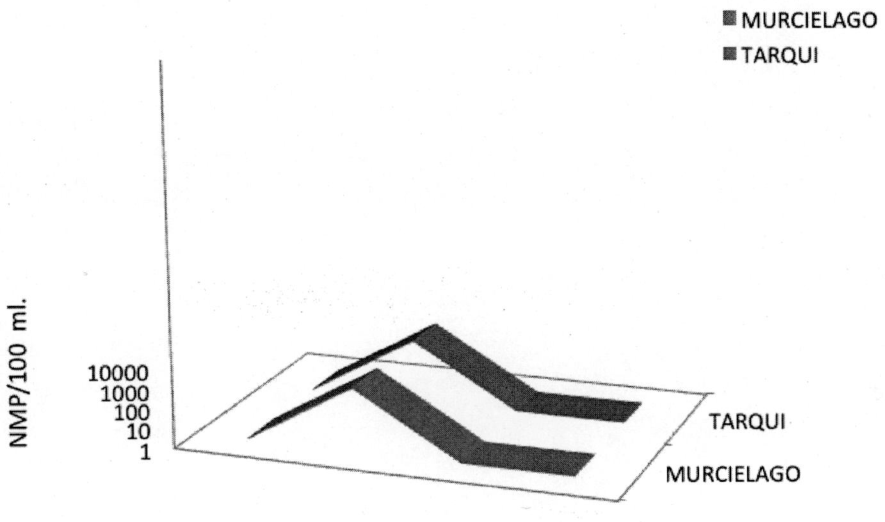

Fuente: Elaboración propia con base en trabajo de campo.

Anexo 2

Rangos de referencia para establecer la calidad bacteriológica del agua marina de uso recreativo con contacto primario

Rango (NMP/100ml)	Calidad bacteriológica del agua de mar
0-40	Limpio sin riesgo sanitario
41-200	Aceptable
201-500	No recomendable
>500	**Riesgo sanitario**

Fuente: Semarnat, 2007.

Capítulo 2

Contaminación del agua
y sus potenciales efectos en la salud de las poblaciones humanas asentadas en zonas costeras

Por Rubén de J.Solís Mecalco[7]

Introducción

El agua es esencial para la vida, por lo que todas las personas deben disponer de un suministro satisfactorio (suficiente, inocuo y accesible), ya que cuando éste es insuficiente y de baja calidad surge una serie de problemas que perjudican de forma directa la salud de las personas (OMS, 2006), sobre todo la de poblaciones cuyos grado de pobreza y escasos recursos económicos las hace más vulnerables (Prüss *et al.*, 2002).

Un ejemplo de poblaciones con mayor vulnerabilidad son los asentamientos humanos costeros, dado que las actividades económicas que allí se desarrollan o las influyen, se planifican de manera inadecuada, lo que genera impactos ambientales y contaminación que afectan la disponibilidad y la calidad de los recursos marinos y costeros, la calidad de vida de la población y su desarrollo económico, social y de salubridad. La calidad del agua en estas regiones es uno de los indicadores que están más claramente asociados con el estado de salud de las poblaciones, así como con las condiciones ambientales existentes (Miranda *et al.*, 2010).

En el presente capítulo se exponen los padecimientos asociados a la mala calidad del agua marina y para uso y consumo, así como sus repercusiones en la salud de las poblaciones humanas asentadas en las zonas costeras.

Contaminación del agua marina en zonas costeras y sus potenciales efectos en la salud humana

Las playas arenosas son importantes porque mantienen de forma dinámica la línea de costa, son la zona de transición (ecotono) entre los sistemas terrestres y los marinos y son apreciadas por el turismo y para la recreación; estas actividades son causa de contaminación, tanto como la explosión demográfica originada por los asentamientos humanos

[7] Maestro en Ciencias en Recursos Naturales y Desarrollo Rural. Asistente de investigación en El Colegio de la Frontera Sur, México, rubjsol@gmail.com o rsolis@ecosur.edu.mx

irregulares que no cuentan con infraestructura de saneamiento para el tratamiento de aguas negras. Todo ello favorece la presencia de enterococos en zonas costeras e incrementa la concentración bacteriológica y, en consecuencia, las playas se vuelven riesgosas e inseguras para la integridad y la salud de quienes hacen uso de ellas (Flores *et al.*, 2010; Cupul *et al.*, 2006), por motivos laborales o de recreación.

Es importante resaltar que millones de turistas pasan sus vacaciones en zonas costeras. El turismo es la tercera industria a escala mundial y el primer sector económico en algunos estados y regiones, entre ellos, el Caribe. Sin embargo, en el Caribe y en muchas otras partes del mundo, millones de litros de aguas residuales no tratadas se siguen vertiendo en el mar cada año (OMS, 2003). El hombre ha convertido el mar en vertedero de aguas residuales procedentes de casas habitación, granjas de cerdos, hoteles y restaurantes que no cuentan con medios de sanidad (Osores *et al.*, 2009; Delgado *et al.*, 2008; Chagas *et al.*, 2005; Cortes-Lara, 2003).

Las playas y las masas de agua que no cumplen las normas de seguridad, representan un problema para la salud pública en todo el mundo y pueden ser origen de enfermedades, discapacidades y defunciones. Las aguas recreativas, tanto costeras como las aguas dulces interiores, suelen estar contaminadas con materias fecales y aguas residuales, por lo que su uso supone un riesgo para la salud humana (OMS, 2003; Silva *et al.*, 2007; Vergaray *et al.*, 2007).

Uno de los agentes patógenos más comunes y peligrosos que se encuentran en las aguas residuales no tratadas, es la bacteria *E. coli* O157, que afecta al tubo digestivo y puede causar pérdida de sangre, diarrea aguda y fiebre. En un pequeño porcentaje de casos, la infección es lo suficientemente grave para provocar infecciones renales, hemorragias e, incluso, la muerte (OMS, 2003).

El indicador bacteriológico para aguas de uso recreativo es la bacteria *Enterococcus faecalis*, ya que es un excelente parámetro para valorar las condiciones sanitarias del agua de mar, toda vez que su presencia indica contaminación de origen fecal. Su hábitat es el tracto gastrointestinal de humanos y otros mamíferos; asimismo, es muy resistente a condiciones adversas y tiene la habilidad para crecer en medios con 6.5% de cloruro de sodio, pH de 9.6 y entre 10 °C a 45 °C de temperatura. Además, se relaciona directamente con enfermedades gastrointestinales, enfermedades respiratorias, conjuntivitis y dermatitis, entre otras (Cofepris, 2010).

Se estima que la tercera parte de las aguas residuales vertidas en el medio ambiente no está adecuadamente tratada en los países desarrollados. Esa proporción podría ser aún mayor en los países en vías de desarrollo; sin embargo, hasta ahora no hay consenso mundial para determinar un nivel aceptable de enterococo intestinal (bacteria que generalmente vive en el intestino) que sirva como organismo indicador en las playas (OMS, 2003). Así pues, a pesar de ser un problema global de salud humana, todavía queda mucho trabajo por hacer e información que generar para, por un lado, determinar de forma adecuada la calidad del agua marina para uso recreativo y, por otro, generar acciones que permitan disminuir los niveles de contaminación en las zonas costeras y mejorar las condiciones de salud para las poblaciones asentadas en estas áreas.

Contaminación del agua para uso y consumo humano y sus efectos en la salud

De acuerdo con la Organización Mundial de la Salud (OMS, 2006), el agua de consumo inocua (agua potable) es aquella que no ocasiona ningún riesgo significativo para la salud cuando se consume durante toda una vida, teniendo en cuenta las diferentes vulnerabilidades que pueden presentar las personas en las distintas etapas de su existencia. Quienes presentan mayor riesgo de contraer enfermedades transmitidas por el agua son los lactantes y los niños de corta edad, las personas debilitadas o que viven en condiciones antihigiénicas y los ancianos.

La salud puede verse comprometida cuando bacterias, virus o parásitos perniciosos contaminan el agua potable en la fuente misma, por infiltración del agua de escorrentía contaminada o en las tuberías del sistema de distribución. Asimismo, la manipulación antihigiénica durante el transporte o en el hogar puede contaminar el agua salubre. Por estos motivos, muchos de quienes disponen de una fuente mejorada de agua a través de una red de tuberías, pozos protegidos o de otras fuentes, están expuestos a contaminación (OMS, 2007). En este sentido, es importante resaltar que las zonas costeras con un área donde desembocan las aguas provenientes de los ríos superficiales y subterráneos, dichos afluentes de agua traen consigo concentraciones de diversos microorganismos y componentes químicos producto de actividades industriales, agronómicas y de asentamientos humanos localizados tierra adentro, por lo que las poblaciones ahí asentadas son más vulnerables a la contaminación de sus fuentes primarias de agua para uso y consumo (Alonso y Acosta, 2003).

Las enfermedades relacionadas con el agua pueden producir efectos agudos, retardados o crónicos y afectan tanto la morbilidad como la mortalidad. Tales efectos pueden ser muy variados; por ejemplo, desenlaces neonatales adversos, cáncer, cólera, disentería, hepatitis vírica, helmintos intestinales, fluorosis ósea, fiebre tifoidea y síndrome de Guillain-Barré (Haddock, 2008; OMS, 2006).

De manera general, las mayores afecciones a la salud de las poblaciones humanas relacionadas con la calidad del agua son aquellas provocadas por su contaminación microbiológica y química (OMS, 2006).

La contaminación microbiológica del agua implica desde peligros naturales, como los parásitos *Giardia* –provenientes de las heces de animales que se encuentran en la tierra– y *Cryptosporidium* –asociado a bacterias– que causan infecciones intestinales y pueden ser fatales para personas con inmunosupresión (Haddock, 2008); hasta los mayores riesgos microbianos, derivados del consumo de agua contaminada con excrementos humanos o de animales (incluidos los de las aves). Los excrementos pueden ser fuente de patógenos, como bacterias, virus, protozoos y helmintos (OMS, 2006) y el principal indicador de contaminación fecal del agua para consumo es la presencia de *E. coli*; sin embargo, es importante resaltar que los virus y protozoos entéricos son más resistentes a la desinfección; por tanto, la ausencia de *E. coli* no implica necesariamente que no haya presencia de estos organismos. En ciertos casos puede ser deseable incluir análisis para buscar microorganismos más resistentes, como bacteriófagos o esporas bacterianas, como cuando se sabe que el agua que se usa está contaminada de origen con virus y parásitos entéricos, o si hay incidencia alta de enfermedades virales y parasitarias en la comunidad (OMS, 2007).

Los riesgos para la salud asociados a los componentes químicos del agua de consumo son distintos de los asociados a la contaminación microbiana y se deben principalmente a la capacidad de los componentes químicos de producir efectos adversos en la salud tras periodos de exposición prolongados. Pocos componentes químicos del agua pueden ocasionar problemas de salud como resultado de una exposición única, excepto en el caso de contaminación masiva accidental de una fuente de abastecimiento de agua de consumo (OMS, 2006).

La exposición a concentraciones altas de fluoruro, de origen natural, puede generar manchas en los dientes y, en casos graves, fluorosis ósea incapacitante. De modo similar, el agua de consumo puede contener arsénico de origen natural y el contactoo prolongado con ella podría significar un riesgo significativo de cáncer y lesiones cutáneas. Otras sustancias de origen natural, como el uranio y el selenio, pueden también ocasionar problemas de salud cuando su concentración es alta. La presencia de nitratos y nitritos en el agua se ha asociado con la metahemoglobinemia, sobre todo en lactantes alimentados con biberón. La presencia de nitratos pudiera deberse a la aplicación excesiva de fertilizantes o a la filtración de aguas residuales u otros residuos orgánicos a las aguas superficiales y subterráneas. En zonas con aguas corrosivas o ácidas, la utilización de cañerías y accesorios o soldaduras de plomo puede generar concentraciones altas de este elemento en el agua de consumo, que ocasionan efectos neurológicos adversos (OMS, 2006).

Ante el panorama expuesto queda evidenciado que si no se garantiza la potabilidad del agua, una comunidad puede quedar expuesta al riesgo de brotes de enfermedades intestinales e infecciosas. Es en particular importante evitar los brotes de enfermedades transmitidas por el agua de consumo, dada su capacidad de infectar simultáneamente a un gran número de personas y, potencialmente, a una gran proporción de la comunidad (OMS, 2006). Existe un progresivo reconocimiento de que, si lo que se pretende es reducir las enfermedades transmitidas por el agua, se deben incorporar a las estrategias nacionales enfoques domiciliarios sencillos que garanticen la salubridad del agua para beber (OMS, 2007).

Uno de los métodos más utilizados y eficientes para mejorar la calidad del agua para consumo, según la OMS, el hervor es, con mucho, el método más utilizado y eficiente para desinfectar el agua en el hogar. Asimismo, la cloración, que en dosis de unos pocos miligramos por litro y tras unos 30 minutos, suele inactivar 99% de las bacterias y los virus entéricos, siempre que el agua sea transparente. La desinfección solar, los filtros de cerámica, los sistemas mixtos de floculación y desinfección, así como el almacenamiento seguro del agua una vez desinfectada, son métodos que también permiten mejorar la calidad del agua para consumo en los hogares, independientemente de la calidad de la fuente primaria (OMS, 2007; 2006).

Como se puede observar, existen diferentes métodos accesibles a las comunidades con bajos recursos, por lo que persistencia de altas prevalencias de enfermedades asociadas a una mala calidad del agua para consumo se puede deber en parte a la falta de información dentro de las comunidades rurales y urbanas, tanto del agua que consumen como de los métodos necesarios para mejorar la calidad del recurso (Solís *et al.*, 2015; OMS, 2007).

Contraste de los contextos legislativos en materia de agua entre México y Ecuador

De acuerdo con la OMS (2006), los requisitos básicos y esenciales para garantizar que el agua de consumo sea segura son: un marco para la seguridad del agua que comprenda metas de protección de la salud establecidas por una autoridad con competencia en materia de salud, sistemas adecuados y gestionados correctamente (infraestructuras adecuadas, monitoreo correcto y planificación y gestión eficaces), así como un sistema de vigilancia independiente.

Las normas relativas al agua de consumo pueden diferir, en naturaleza y forma, de unos países o regiones a otros, debido a que no hay un método único que pueda aplicarse de forma universal. En la elaboración y la aplicación de normas es fundamental tener en cuenta las leyes vigentes y en proyecto relativas al agua, a la salud y al gobierno local, así como evaluar la capacidad para desarrollar y aplicar reglamentos de cada país. Los métodos que pueden funcionar en un país o región, no necesariamente podrán transferirse a otros países o regiones. Para desarrollar un marco reglamentario es fundamental que cada país examine sus necesidades y capacidades (OMS, 2006; OMS, 2007).

En México, los primeros criterios para calidad del agua datan de 1989; sin embargo, no eran de cumplimiento jurídico obligatorio; por tanto, la calidad ambiental del agua se convirtió en un problema debido al desarrollo urbano y al crecimiento económico. El Programa Nacional Hídrico 2007-2012 reconoce lo anterior y uno de sus objetivos es mejorar aspectos relacionados con la contaminación del agua; por ello se considera la necesidad de modificar criterios desde diversos puntos de vista, como los relativos a la información acerca de la toxicidad de pesticidas, usos del agua y entornos de la industria. Para ello se solicitó apoyo de gobiernos con experiencia en el tema y se puso en contacto con la Agencia Internacional de Cooperación del Japón (JICA), con la que inició un acuerdo para establecer nuevos criterios para la calidad del agua. Se esperaba, entre otras cosas, que la Comisión Nacional del Agua (Conagua) tuviera la capacidad, fiable, para analizar químicos relacionados con los criterios para calidad del agua (CCA), como el carbono orgánico total, químicos agrícolas, compuestos volátiles orgánicos y otros, para cuantificar y determinar límites (Harada, 2008).

En México existen dos dependencias encargadas del monitoreo de agua de mar para uso recreativo que utilizan enterococos como indicador: la Secretaría de Medio Ambiente, Recursos Naturales y Pesca (Semarnap), de acuerdo con la Norma Mexicana NMX-AA-120-SCFI-2006 para fines de certificación de playas y la Secretaría de Salud, por medio de la Comisión Federal para la Protección contra Riesgos Sanitarios (Cofepris), basada en los lineamientos para determinar la calidad de agua de mar para uso recreativo con contacto primario, donde establece el criterio de playa apta o no apta siempre que un nivel de enterococos sea de 200 NMP/100 ml para un riesgo de 5% a 10% para enfermedades gastrointestinales y de 1.9% a 3.9% para enfermedades respiratorias febriles agudas, tal como lo indica la OMS (Semarnat, 2012).

Ecuador, por su parte, carece de un marco legal específico con relación a las zonas costeras y marinas, aunque sí tiene normas e instituciones que tienen que ver con su manejo. Un ejemplo de lo anterior es que la normatividad que se aplica para calidad de agua en los estuarios y aguas costeras o marinas, es la misma que para el recurso hídrico continental o incluso el subterráneo, y se desconocen las diferencias sustantivas del comportamiento de la contaminación en cada una de ellas y sus particularidades fisicoquímicas (Ley Orgánica de Recursos Hídricos, Usos y Aprovechamientos del Agua, 2014).

En lo referente a la calidad del agua para consumo, así como del agua marina para usos recreativos, México ha sido el país latinoamericano con los mayores avances en términos de reglamentos nacionales (OMS, 2003). Por otro lado, la falta de marco referencial para la elaboración de una política normativa eficaz en la mayoría de los países latinoamericanos persiste a pesar de que las autoridades y la gente reconocen que las aguas para consumo, así como las de recreo, inseguras y sucias, suponen un problema de salud pública (OMS, 2003; 2007); ejemplo de ello es Ecuador, que no tiene reglamentación nacional rigurosa al respecto.

Frente a este panorama, trabajos como el presente adquieren gran relevancia, ya que no solamente dan luz acerca de la situación de la calidad del agua en zonas costeras al generar los primeros datos documentados sobre dicha problemática en Ecuador, sino que al establecer una comparación con el contexto mexicano costero, permite esclarecer los avances y puntos pendientes de ambos países en materia de calidad del agua y el mejoramiento de las condiciones de salud para sus respectivas poblaciones costeras.

Referencias

Alonso, J. y Acosta A.,, (2003) "Impacto de las condiciones de abastecimiento y utilización del agua sobre la incidencia de diarrea en niños de la comunidad de Celestún". *Ingeniería*, Vol. 7, Núm. 3, pp. 29-34.

Cofepris, (2010) "Lineamientos para determinar la calidad de agua de mar para uso recreativo con contacto Primario", México, Secretaría de Salud. 14p.

Cortés-Lara, M., (2003) "Importancia de los coliformes fecales como indicadores de contaminación en la franja Litoral de Bahía de Banderas, Jalisco-Nayarit". *Rev. Biomedic* 14(2):121-123.

Cupul, M. Mösso A., Sánchez A., Sierra P., Fermán A., Romero I. y Falco S. (2006) "Distribución Bacteriológica en el Agua de Mar en la Bahía Cullera, España". *Ciencias Marinas*, 32(2): 311-318.

Chagas, C. et al., (2005) "Indicadores de contaminación biológica asociados a la erosion hídrica en una Cuenca de Pampa Ondulada Argentina". *Ciencia del Suelo.* 24(1):21-27.

Delgado, G., Miravet R. y Núñez G. (2008) "Indicadores microbiológicos de la calidad del agua en la costa Oeste de Ciudad de la Habana". *Higiene y Sanidad Ambiental*, 8: 387-391.

Domínguez Cortinas, Gabriela, 2009. *Evaluación del impacto del fenómeno de iniquidad ambiental en la salud de poblaciones infantiles en San Luis Potosí, SLP., México.* Tesis de Doctorado. México. Universidad Autónoma de San Luis Potosí-facultades de Ciencias Químicas, Ingeniería y Medicina, Programa Multidisciplinario de Posgrado en Ciencias Ambientales, pp. 15-25.

Escobar, J., (2002) "La contaminación de los ríos y sus efectos en las áreas costeras y el mar". *Serie Recursos Naturales e Infraestructura*, Núm. 50. CEPAL.

Flores, M., Flores H. y Ríos M. (2010) "Calidad bacteriológica de las principales playas de la Bahía de Acapulco, Guerrero". *ContactoS* 80: 5-11.

GESAMP (IMO/FAO/UNESCO–IOC/WMO/WHO/AIEA/UN/UNEP- Joint Group of Experts on the Scientific Aspects on Marine Environmental Protection), (2001) *Protecting the Oceans from Land-based Activities* GESAMP Reports and Studies (71): p.162.

Haddock, Marck, (2008) "Visión general de la legislación del agua y aspectos de la gestión actual en la Columbia Británica de Canadá". En *Primer Coloquio Jurídico Internacional sobre Regulación y Manejo Integral de los Recursos Hídricos.* Síntesis de Ponencias. México, Comisión Nacional del Agua. pp. 3-10.

Harada, Yoichi, (2008) "Normas Oficiales para Calidad del Agua (Japón)". En *Primer Coloquio Jurídico Internacional sobre Regulación y Manejo Integral de los Recursos Hídricos.* Síntesis de Ponencias. Comisión Nacional del Agua, México, D.F. pp. 32-33.

Ley Orgánica de Recursos Hídricos, Usos y Aprovechamiento del Agua, 2014. República del Ecuador, Asamblea Nacional, Registro Oficial 305. http://www.agua.gob.ec/wp-content/uploads/2012/10/LEYD-E-RECURSOS-HIDRICOS-II-SUPLEMENTO-RO-305-6-08-204.pdf [consultado el 2 de octubre de 2015]

Miranda M. Aramburú A., Junco J. y Campos M., (2010) "Situación de la calidad de agua para consumo en hogares de niños menores de cinco años en Perú, 2007-2010". *Rev. Perú Med. Exp. Salud Pública*, Vol. 27, Núm. 4, pp. 506-511.

Organización Mundial de la Salud (OMS). 2003. *El nuevo plan de la OMS para prevenir riesgos podría evitar ahogamientos y traumatismos.* Centro de prensa. http://www.who.int/mediacentre/news/releases/2003/pr75/es/ [consultado el 6 de octubre de 2015]

Organización Mundial de la Salud, ((OMS), 2006) *Guías para la calidad del agua potable* [recurso electrónico]: incluye el primer apéndice. Vol. 1: Recomendaciones. Tercera edición, pp. 11-76.

Organización Mundial de la Salud, ((OMS), 2007) "Lucha contra las enfermedades transmitidas por el agua en los hogares/Red internacional para la promoción del tratamiento y el almacenamiento seguro del agua doméstica", Organización Mundial de la Salud. pp. 7-26.

Osores P., Roca J. y Rosas R. (2009) "Presencia de bacterias patógenas en las aguas de la desembocadura del Río Surco y la Playa La Chira". *Acta Med. Per.* 26(4): 243-246.

Prüss, A., *Kay, D., Fewtrell, L. y Bartram, J.* (2002) "Estimating the burden of disease from water, sanitation, and hygiene at a global level". *Environmental Health Perspectives*, 110, 537-542.

Rivera, J. A., Martorell R, González W, Lutter C, González de Cossío T, Flores-Ayala R, Uauy R, Delgado H, (Grupo Técnico de Nutrición del SMS), (2015) "Prevención de la desnutrición de la madre y el niño: el componente de nutrición de la Iniciativa Salud Mesoamérica 2015". *Salud Pública Mex 2011*; 53, supl. 3, pp. S303-S311.

Semarnat, (2012) "Programa Playas Limpias". *Informe de resultados de monitoreo a playas.*

Silva, I. Gutiérrez C., Galeana M. y López M. (2007) "El impacto de la actividad turística en la calidad bacteriológica del agua de mar". *Gaceta Ecológica*. 82: 69-76.

Solís, Rubén, Salvatierra Benito, Nazar Austreberta y Torres Arturo. (2015.) "Acceso a la educación en salud y su potencial en la disminución de la incidencia de diarrea infantil en las poblaciones costeras de Yucatán, México". *Rev. Población y Salud en Mesoamérica*, Vol. 13, Núm. 1. http://dx.doi.org/10.15517/psm.v13i1.19495 [consultado el 29 de septiembre de 2015]

Vergaray, U. Méndez C., Morante H., Heredia V. y Béjar V. (2007) "Enterococcus y Escherichia E.coli como indicadores de contaminación fecal en playas costeras de Lima". Perú, Universidad Nacional Mayor de San Marcos. 10p.

Capítulo 3

Contaminación de aguas residuales
por industrias pesqueras asentadas en las riberas de Playita Mía en la ciudad de Manta

Por Sandra Solórzano Barcia[8]

Resumen

En Manta, provincia de Manabí, Ecuador, los grados de contaminación que se registran en la zona de Playita Mía, proveniente de las industrias pesqueras, han provocado la degradación ambiental de las aguas costeras, además de afectar la calidad de vida de los habitantes de las riberas de la parroquia Los Esteros, donde está dicha playa. Una de las principales fuentes de contaminación de las aguas costeras de Playita Mía analizada en el presente estudio, son las industrias pesqueras que arrojan sus aguas residuales al mar. Con base en los registros proporcionados por los análisis físico-químicos de la descarga final del agua residual, se pudo constatar que la industria pesquera Usafish tiene una demanda bioquímica de oxígeno (4 470 mgO_2/l > LM: 100 mgO_2/l), una demanda química de oxígeno (6 130 mgO_2/l > LM: 250 mgO_2/l) y una concentración de aceites y grasas (4.60 mg/l > LM: 0.30 mg/l) con valores que superan los límites máximos (LM) de concentración establecidos para dicha empresa. Los análisis físico-químicos de los efluentes tratados realizados en las instalaciones de la planta de tratamiento de aguas residuales Irotop, dieron como resultado una clara evidencia de contaminación ambiental por las descargas que van de forma directa al mar cada día y modifican severamente el hábitat de las especies marinas, ya que su demanda bioquímica de oxígeno (816.0 mgO_2/l > LM:100 mgO_2/l,), su demanda química de oxígeno (960 mgO_2/l > LM:250 mgO_2/l) y los residuos de aceites y grasas (2.30 mg/l > LM:0.30 mgO_2/l) arrojan concentraciones superiores a los límites permisibles. A partir del análisis y la caracterización ambiental del área de estudio se deduce que la gestión por parte de los diversos actores del desarrollo de la ciudad de Manta es deficiente.

Palabras clave: Aguas residuales, límite permisible, monitoreo ambiental, tratamiento de aguas residuales.

[8] Magíster en Gestión y Auditorías Ambientales, Profesora de la Facultad de Ciencias del Mar, de la Universidad Laica Eloy Alfaro de Manabí, Manta, Ecuador. sanxiomi63@yahoo.com

Introducción

En los últimos años, los ambientes marinos se han ido contaminando visiblemente como resultado de las actividades del hombre. Grandes cantidades de sustancias, algunas nocivas, llegan al ecosistema acuático y parte de ellas procede de residuos industriales, agrícolas, domésticos e industriales. El mar dispersa, diluye y degrada, pero su capacidad tiene un límite (Seoánez, 2000).

Según la Convención Internacional sobre Vertidos de Londres, celebrada en 1972, por contaminación marina se entiende la introducción de desechos u otras materias al mar, resultante directa o indirectamente de actividades humanas, que tenga o pueda tener efectos perjudiciales, tales como causar daño a los recursos vivos y a los ecosistemas marinos, entrañar peligros a la salud del hombre, entorpecer la actividades marítimas, incluidos la pesca y otros usos legítimos del mar, deteriorar la calidad del agua de mar en lo que se refiere a su utilización y menoscabar las posibilidades de esparcimiento (Sette *et al.*, 2003).

En Ecuador, la Norma de Calidad Ambiental y de Descarga de Efluentes (2012): Recurso Agua de la Norma Tula del Libro VI del Anexo 3, determina los límites permisibles, las disposiciones y prohibiciones para las descargas en cuerpos de aguas o sistemas de alcantarillado; los criterios de calidad de las aguas para sus distintos usos, así como los métodos y procedimientos para determinar la presencia de contaminantes en el agua. En este sentido, los criterios generales para la descarga de efluentes deberán cumplir con las normas generales para este tipo de descargas, tanto al sistema de alcantarillado, como a los cuerpos de agua establecidos; el regulado deberá mantener un registro de los efluentes generados que indique el caudal del efluente, la frecuencia de descarga, el tratamiento aplicado a los efluentes, análisis de laboratorio y la disposición de los mismos, identificando el cuerpo receptor.

A pesar de las leyes imperantes en Ecuador, en la ciudad costera de Manta, Manabí, principal puerto pesquero e industrial del país, las industrias (muchas de ellas pesqueras) no tratan sus aguas residuales ni les dan un procesamiento antes de verterlas al alcantarillado público o, incluso, directamente a Playita Mía, ubicada en esta misma ciudad (Da Ros, 1995).

Otro ejemplo de la falta de regulación de las aguas residuales vertidas al mar en Manta es el de la parroquia[9] Los Esteros, en donde se hay alrededor de 10 industrias relacionadas con productos del mar. La mayor parte de éstas ha sido catalogada como ente regulador por la Normativa Ambiental vigente regida por el Municipio Cantonal de Manta y la Dirección de Gestión Ambiental, lo que ha ubicado a esta parroquia como zona industrial.

Es importante recalcar que existe una categorización de las industrias con base en el tratamiento que le dan a las aguas residuales en sus plantas procesadoras. Estas industrias están en el rango 8 de la norma técnica de Ley de Gestión Ambiental para

[9] La República del Ecuador está compuesta políticamente por 24 provincias divididas en 219 cantones, que se subdividen a su vez en 1 156 parroquias (Inocar, 2012).

la Prevención y Control de la Contaminación Ambiental (1999) y deben acatar las disposiciones de aplicación obligatoria de los límites de descarga de efluentes al sistema de alcantarillado de cualquier ciudad del Ecuador.

Dado que, por lo regular, las aguas residuales se vierten a la red de alcantarillado de una población o al medio hídrico natural, los rangos de calidad derivan de la legislación correspondiente, que no siempre es suficientemente precisa (Rojas, 2002) y ello da la pauta a irregularidades, tal como sucede con las industrias asentadas en la ciudad de Manta, Ecuador.

La empresa Pefrescomar, ubicada en Los Esteros, daña severamente el hábitat de las especies marinas que se reproducen a la orilla del mar. Su demanda química de oxígeno (DQO), cuyos niveles permisibles son de 500 mgO_2/l, supera los 10.278 mgO_2/l; y la demanda bioquímica de oxígeno (DBO), cuyos niveles permisibles son 250 mgO_2/l, alcanza los 6.930 mgO_2/l (El Diario).

En la industria procesadora de atún Olimar le dan un tratamiento biológico a base de bacterias a las aguas residuales. El objetivo es dejar las grasas y los aceites y reutilizarlos para el procesamiento de harina de pescado; además cumplen con la Normativa Ambiental de tener un plan de manejo ambiental que exige el Ministerio del ramo, a pesar de tener otro plan dirigido por el Municipio de Manta a través de su unidad de medio ambiente.

Las industrias Usafish S.A. e Irotop S.A., analizadas en el presente estudio, están categorizadas por el Gobierno Autónomo Descentralizado del Municipio del Cantón Manta y la Dirección de Gestión Ambiental conforme la Norma técnica de Ley de Gestión Ambiental para la Prevención y Control de la Contaminación Ambiental, sometidas a las disposiciones de aplicación obligatoria de los Límites de descarga de efluentes a un receptor o cuerpo de agua marina dispuestos por la Norma Tula, en el Libro VI en el Tomo V (anexos).

La industria Usafish tiene un sistema de tratamiento primario que consiste en tres cámaras de decantación para retener grasas y lodos, residuos que son secados al aire libre con aserrín y cal, para luego ser puestos en costales y sacados en transportación pesada. Las trampas de grasas utilizadas para el tratamiento de agua residuales son obsoletas, tienen una apariencia regular y sucia. Esta empresa no cuenta con un Plan de Manejo y hace procesos de auditorías ambientales.

La empresa industrial Irotop es una planta de tratamiento de aguas residuales que en octubre de 2003 formaron las atuneras Pespaca (Empesec) y Conservas Isabel. Su finalidad es descontaminar sus aguas residuales en una misma planta y, por ende, compartir los gastos de construcción, compra de maquinaria y mantenimiento.

En Irotop diariamente se tratan 1 600 m3 de agua que generan las enlatadoras Conservas Isabel, Pespaca y Seafman. El cuidado de las descargas y la protección del medio ambiente son una inversión agregada a los gastos operativos de cada una de estas fábricas.

Las descargas provenientes de las otras industrias pesqueras, una vez que han llegado a Irotop son enviadas a los pozos de recepción, donde son bombeadas a través de un filtro rotativo que retiene las últimas impurezas sólidas. De éstas se recogen casi 60 kilos diarios. Luego las aguas pasan a la piscina de homogenización para recibir el tratamiento y terminar en el clarificador DAF.

Los clarificadores DAF (por sus siglas en inglés: Dissolved Air Flotation, es decir, Flotación por Aire Disuelto) de ACS Medio Ambiente, separan de forma eficiente los sólidos suspendidos totales y grasas, aceites y partículas flotantes de los efluentes industriales. El sistema genera burbujas de aire con un rango de burbujas moleculares a microburbujas. El aire es disuelto en el agua tratada por la adición de aire comprimido a una corriente presurizada de efluente reciclado.

El agua presurizada pasa entonces por una válvula de descarga que reduce la presión atmosférica. Esta agua despresurizada se mezcla con el afluente acondicionado. Cuando la presión es reducida, el aire supersaturado se empieza a precipitar de la solución. Las moléculas de aire se fijan a sí mismas o a los sólidos floculados. Las moléculas precipitadas se unen en una microburbuja. La burbuja con los sólidos suspendidos y las gotas diminutas de aceite flotan a la superficie.

Este sencillo proceso combinado con acondicionamiento químico óptimo y equipo diseñado apropiadamente, brinda un sistema sofisticado de separación de sólidos, grasas, aceites y partículas flotantes; así quedan suspendidas las impurezas o el lodo, mientras que en la parte inferior el agua es limpia y transparente para salir al mar. Sin embargo, este proceso podría no ser suficiente para no superar los límites permisibles establecidos en las normas ambientales presentes en las leyes ecuatorianas.

Tratamiento de aguas residuales

En sentido estricto, la depuración de las aguas residuales industriales es, sin duda alguna, la parte del proceso de tratamiento que ofrece mayores dificultades y riesgos en la definición de la tecnología adecuada que permita asegurar los objetivos de calidad previstos. La primera es establecer la calidad inicial del agua, pues muchas veces no se dispone de análisis representativos ni de mediciones de caudales suficientemente válidos como para fijar bases de partida sólidas que permitan dar fiabilidad al cálculo de la futura estación depuradora de aguas residuales (EDAR) (Osorio *et al.*, 2010). Este proceso se divide en tratamiento primario, tratamiento secundario y tratamiento terciario (Rojas, 2002).

El primario se realiza en los decantadores, recintos de forma circular o rectangular por donde circula el agua residual a baja velocidad y forma un flujo radial o longitudinal, respectivamente. Las partículas más pesadas que el agua sedimentan en el fondo por la fuerza de la gravedad y, simultáneamente, las menos pesadas flotan en la superficie (Osorio *et al.*, 2010).

En las EDAR urbanas pequeñas se suele obviar el tratamiento primario, por lo que las aguas del pretratamiento entran de forma directa al reactor biológico. En poblaciones de más de 20 000 habitantes se incluye un tratamiento primario. Idéntico criterio se sigue con las aguas residuales industriales que corresponden a la carga de unas dos toneladas de sólidos en suspensión al día, salvo cuando existe la presencia de metales pesados u otros tóxicos insolubles que hagan necesario dicho tratamiento primario (Seoánez, 2000).

El tratamiento secundario se considera el más importante de todo el proceso depurativo. Su funcionamiento está basado en la capacidad de los microorganismos para biodegradar la materia orgánica no decantada (soluble y coloidal) y, en algunos casos, nutrientes como nitrógeno y fósforo. El proceso biológico más usual es el de tipo aerobio, por lo que todos los sistemas aplicados son variantes de la utilización de tres componentes: aire, agua residual y masa biológica, donde uno de ellos se mueve en el seno de los otros dos (Sette *et al.*, 2003):

- Fangos activados. El aire (u oxígeno) es introducido en la masa de agua y el fango activado en suspensión. Es un proceso que consiste en la producción de una masa activada de microorganismos capaz de estabilizar un residuo por vía aerobia (Sette *et al.*, 2003).
- Biofiltros o filtros percoladores. El agua riega y fluye por un soporte inmóvil, generalmente de plástico, en cuya superficie se halla fijada una película biológica; el aire circula por el espacio intersticial que queda libre.
- Biodiscos o biocilindros. La masa biológica anclada en superficies de plástico que conforman un cuerpo en forma externa de cilindro horizontal, gira semisumergida en un depósito que contiene el agua residual.
- Lechos. Pueden ser fluidizados o inundados y en ellos hay una masa de plástico en suspensión o sumergida, respectivamente, que aumenta la densidad de la masa biológica. El aire es introducido por el fondo (Sette *et al.*, 2003).

Los procesos terciarios son aquellos tratamientos adicionales de afino que se reali zan principalmente en el caso de la posterior reutilización del agua tratada, o cuando el medio receptor es sensible al vertido (Osorio *et al.*, 2010).

Procesos de depuración aplicados por las industrias

Las estrategias de depuración escogidas por las diferentes industrias se basan, casi siempre, en la aplicación de tecnologías industriales de separación donde la contaminación es segregada del agua, lo que por lo general implica una transformación a fase sólida (fango) y, en menor grado, a fase gas (dióxido de carbono) (Seoánez, 2000).

En más de 90% de los casos, las técnicas de depuración aplicadas son casi siempre variaciones de los tratamientos biológicos y fisico-químicos de precipitación.

Tal y como se muestra en la Figura 4, la depuración fisicoquímica comprende los procesos de coagulación, floculación y decantación. Este sistema tiene por objeto principal la clarificación del agua, es decir, la separación de los sólidos en suspensión y materia coloidal. Al separar estos sólidos, simultáneamente se reduce la DQO (Sette *et al.*, 2003).

Figura 4

Esquema del tratamiento fisicoquímico de las aguas residuales

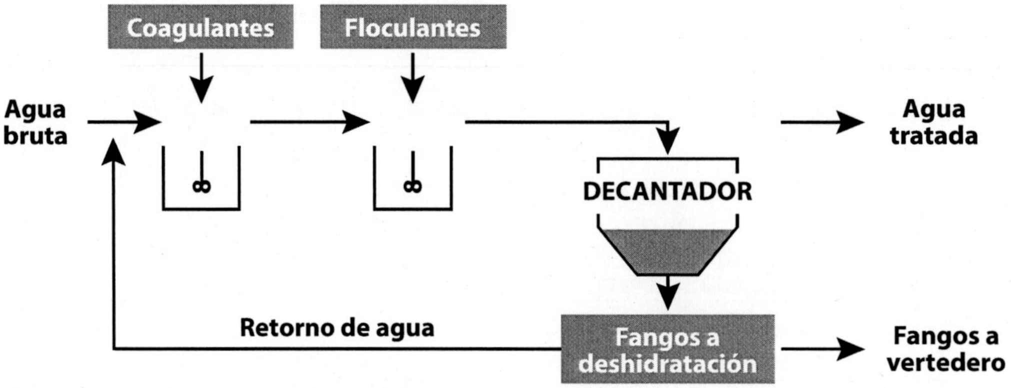

Fuente: Sette *et al.*, 2003.

Como es bien sabido, el proceso biológico consiste en la eliminación de la carga de contaminación, en especial la materia orgánica disuelta, mediante la acción de diversos tipos de microorganismos (bacterias, protozoos) que la asimilan y convierten en biomasa insoluble separable con facilidad (Osorio *et al.*, 2010).

Los procesos biológicos más habituales son los aerobios y, entre ellos, los fangos activados son el sistema mayoritario (>80%); el otro proceso más habitual es el de los filtros percoladores. Se dispone de otras tecnologías menos difundidas: lechos fijos sumergidos aireados, biomasa fija sobre lechos rotativos (biofiltros, biocilindros). También hay algunas variantes mixtas en las que la biomasa se halla fija sobre pequeños soportes plásticos móviles (Osorio *et al.*, 2010).

Las técnicas anaerobias, si bien son habituales en la digestión de fangos, son de escasa aplicación en las aguas residuales a causa de la rigidez de su funcionamiento y la lentitud de su puesta en servicio, a pesar del reducido costo de explotación (Rojas, 2002).

Primeras aproximaciones

El mar, como cualquier otro ecosistema, posee un equilibrio de subsistencia que está siendo afectado en gran medida debido a las actividades del hombre. Aunque los mares pueden actuar en algunos casos como medio receptor válido para determinados residuos, hay que tener presente que su capacidad de admisión de residuos y su poder de autodepuración son limitados (Seoánez, 2000).

Los apartados citados en la presente investigación nos dan a conocer el medio físico, la composición del mar, los parámetros que inciden en el mar, los efectos de la contaminación en el mar. Luego presentamos la depuración de las aguas residuales y nos ocuparemos de los diferentes niveles de tratamientos, la clasificación de los contaminantes por las aguas residuales y los parámetros de la caracterización de las aguas residuales. Se detallan los diferentes procesos de depuración químicos y biológicos; asimismo, hablaremos de la reutilización de las aguas residuales industriales y de las normativas que se aplican.

Ante el panorama aquí planteado se hace evidente la necesidad de aplicar la legislación existente y de trabajar en modificar la forma de pensar de todos aquellos sectores que utilizan el mar como depósito de residuos.

Objetivos

- Verificar si las empresas pesqueras aledañas a la zona afectada tratan sus aguas residuales.
- Confirmar el cumplimiento de las leyes ambientales existentes para las industrias pesqueras
- devoluciones o rechazos

Metodología

Área de estudio

La ciudad de Manta está ubicada geográficamente en 0° 57´35´´ latitud Sur y 80° 43´02´´ longitud Oeste. El presente estudio se desarrolló en una zona denominada Playita Mía, así como en la parroquia Los Esteros, localizados en la ciudad de Manta, Ecuador (Figura 5).

Métodos

El presente trabajo de investigación se realizó en las instalaciones de las industrias alimentarias Irotop y Usafish, asentadas en la parroquia Los Esteros de la ciudad de Manta. El proceso de recolección de la información consistió en la estructuración de una guía de verificación, que incluyó el levantamiento de información primaria y secundaria, visitas de campo al área de influencia, verificación y recopilación de análisis estadísticos referentes a la generación de residuos y la evaluación estadística de los resultados de los análisis realizados a las industrias.

Las derivaciones que se realizaron en cada una de las industrias resultaron de la primera fase de la investigación, en la que detallan en un formulario establecido el manejo y el proceso por el que pasan las aguas residuales antes de ser descargadas.

Si bien, como ya se indicó, es difícil determinar cuáles son los mejores indicadores para evaluar de forma global el estado del agua, es importante resaltar que su calidad se puede determinar en función del uso para el que se destine. De tal forma, los parámetros de calidad no son los mismos para el agua potable, el agua para bañarse, la destinada a piscifactorías, entre otras, por tanto, los tratamientos a los que debe someterse para cumplir con los parámetros de calidad requeridos serán diferentes en cada caso.

Figura 5

Ubicación de Playita Mía en la parroquia Los Esteros

Fuente: Elaboración propia.

La Directiva Marco del Agua 2000/CE define la calidad del agua superficial según sus estados ecológicos y químicos donde se cumplan los objetivos de calidad fijados en el Plan Hidrológico de cada cuenca. En este sentido, los índices de calidad permiten asignar un valor a la calidad del agua con un número limitado de parámetros. Entre los más utilizados están: el Índice de Calidad General (ICG), el Índice Simplificado de Calidad del Agua (ISQA) y los Índices Biológicos.

En el caso de las aguas residuales son varios los parámetros para caracterizar el grado de depuración que se obtuvo. Los principales se pueden observar en la Tabla 1. Para el estudio se tomaron en cuenta los siguientes: el potencial de hidrógeno, la demanda bioquímica de oxígeno, la demanda química de oxígeno, los sólidos suspendidos totales, los sólidos disueltos totales, aceites y grasa, cloruros, sodios y la temperatura (Anexo 9).

Se tomaron muestras *in situ* del agua residual descargada en el desagüe de la planta de tratamiento de aguas residuales de las industrias alimentarias examinadas, para posteriormente ser analizadas por el Laboratorio del Grupo Químico Marcos.

Tabla 1

Parámetros que hay que tener en cuenta a la hora de realizar una caracterización de las aguas residuales

Parámetros físicos	Sólidos totales
	Turbidez
	Color
	Sabor y olor
Parámetros químicos	Temperatura
	Sólidos disueltos
	pH
	Alcalinidad
	Dureza
Parámetros orgánicos	Demanda teórica de oxígeno (DteO)
	Demanda bioquímica de oxígeno (DBO
	Demanda química de oxígeno (DQO)
	Carbono orgánico total (COT)
	Demanda total de oxígeno (DTO)
Gases	Nitrógeno, oxígeno, metano, etc.

Fuente: Rojas, 2002.

Resultados

Resultados para la industria USAFISH

Para la industria Usafish, el informe de los ensayos realizados se puede observar en la Tabla 2.

Tabla 2

Resultado de los parámetros evaluados en la industria Usafish

USAFISH			
Parámetros	**Resultado**	**Unidades**	**Límite máx. permisible**
Potencial de hidrógeno	6.77	_	6.00-9.00
Temperatura	26.90	°C	<35
Aceites y grasas	4.60	mg/l	<0.30
Demanda bioquímica de oxígeno	4 470.00	mgO_2/l	<100
Demanda química de oxígeno	6 130.00	mgO_2/l	<250
Cloruros	2 254.12	mg/l	No aplica
Sodios	889.30	mg/l	No aplica
Sólidos suspendidos totales	1 385.00	mg/l	<100
Sólidos disueltos totales	4 060.00	mg/l	No aplica

Fuente: Elaboración propia.

Sobre la base de los registros proporcionados por el Laboratorio Marcos se hace referencia a los parámetros físico-químicos y se les compara con el límite máximo permisible (LMP) de acuerdo con la Norma: Tula, Libro VI, Tomo V (Anexo 3).

En la Figura 6 se muestran los resultados para el potencial de hidrógeno de las aguas residuales provenientes de la empresa Usafish. Como se puede constatar, el potencial de hidrógeno hace referencia al 6.77, que indica que está dentro de los parámetros permitidos.

Figura 6

Resultados obtenidos del potencial de hidrógeno contenido en las aguas residuales de la empresa Usafish

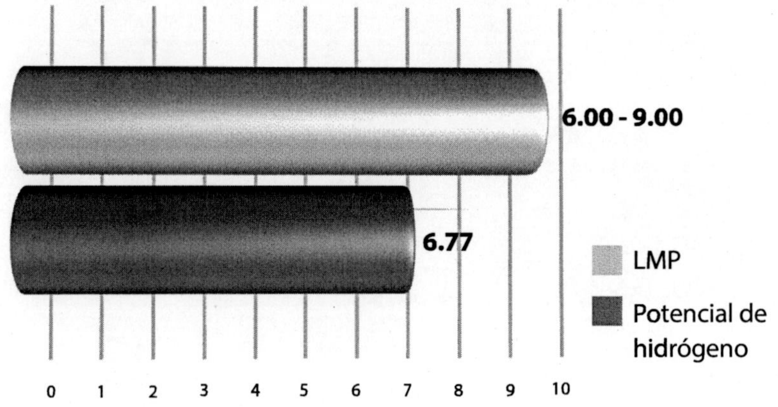

Fuente: Elaboración propia.

La temperatura se mantuvo en los parámetros dispuestos por las normativas, dentro de los límites máximos permisibles, con 26.90 °C; según la Norma Tula (Anexo 3), la temperatura debe mantenerse en valores menores a 35 °C. En Aceites y Grasas se obtuvo el dato 4.60 mg/l, que indica que este parámetro sobrepasa el LMP (<0.30 mg/l) (Figura 7).

Figura 7

Temperatura reportada en las aguas residuales de Usafish

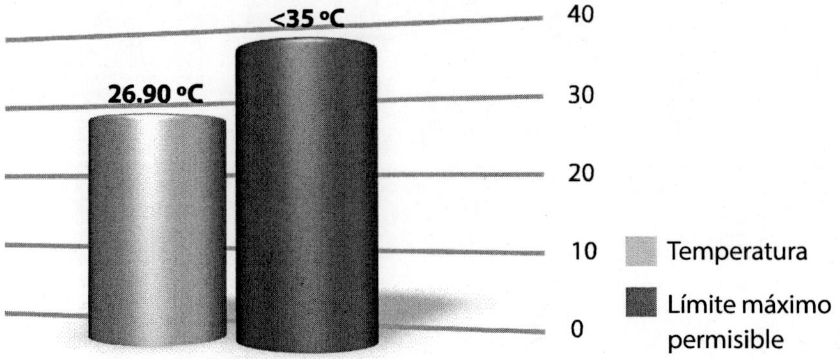

Fuente: Elaboración propia.

En la Figura 8 se puede constatar cómo la concentración de aceites y grasas reportada para las aguas residuales de Usafish presenta valores que superan los límites máximos (4.60 mg/l > LM: 0.30 mg/l) de concentración establecidos para dicha empresa.

Figura 8
Concentración de aceites y grasas reportada en las aguas residuales de Usafish

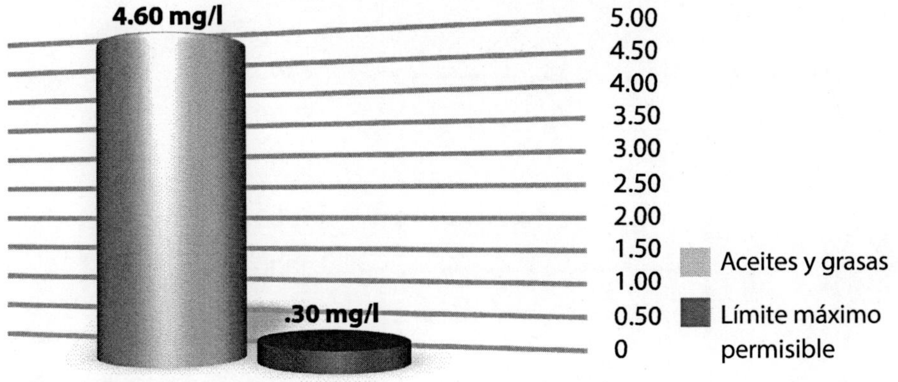

Fuente: Elaboración propia.

Los resultados obtenidos para la demanda bioquímica de oxígeno reflejan que este parámetro superó los límites máximos permisibles del parámetro registro 4 470.0 mgO_2/l, cuando debería ser menor a 100 mgO_2/l según la Normativa Ambiental. Para la demanda química de oxígeno se obtuvieron el dato: 6 130.0 mgO_2/l, que supera el LMP, que para este parámetro no debería pasar de 250 mgO_2/l (Figura 9).

Figura 9
Demanda bioquímica de oxígeno reportada en las aguas residuales de Usafish

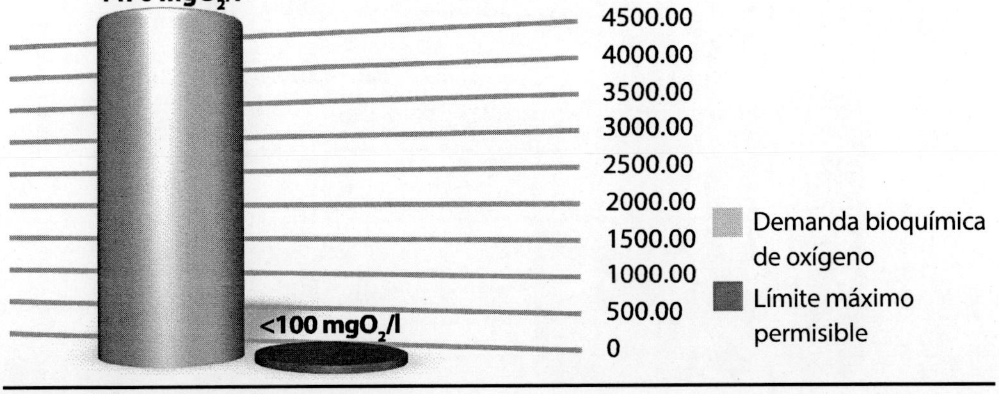

Fuente: Elaboración propia.

Respecto a la demanda química de oxígeno observada en las aguas residuales de Usafish, se pudo constatar que los valores son muy superiores a los límites máximos establecidos en la legislación ambiental ecuatoriana (6 130 mgO_2/l > LM: 250 mgO_2/l) (Figura 10).

Figura 10
Demanda química de oxígeno reportada en las aguas residuales de Usafish

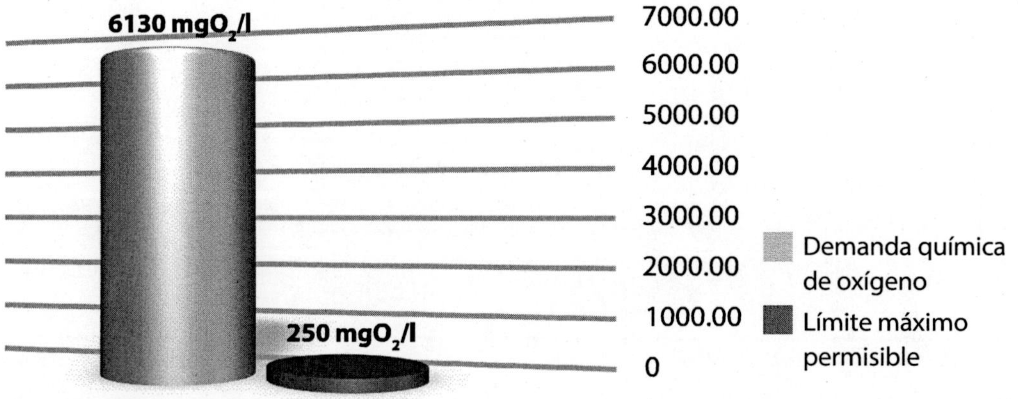

Fuente: Elaboración propia.

Para los análisis de cloruros se obtuvo la cifra 2 254.12mg/l, un parámetro más que no se ajusta la Normativa Ambiental establecida en la Tabla 13 de la Norma Tula vigente, donde las cuantificaciones para cloruro son <1000 mg/l (Figura 11).

Figura 11
Concentración de cloruros reportada en las aguas residuales de Usafish

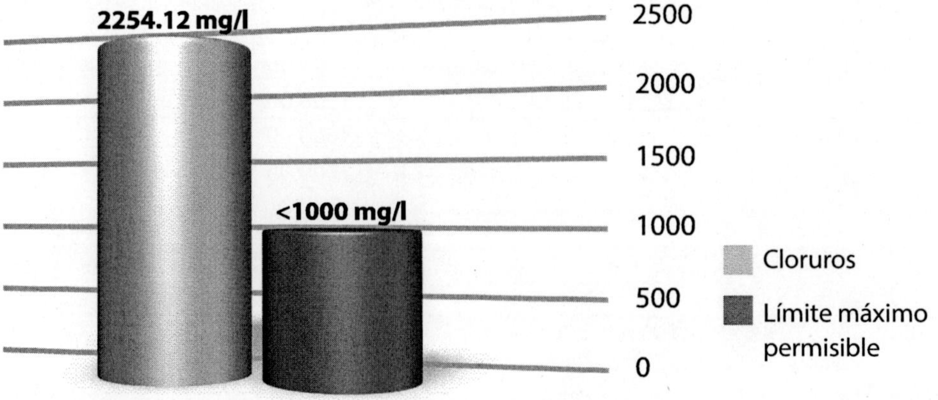

Fuente: Elaboración propia.

El resultado de los análisis para los sólidos suspendidos totales fue de 1 385.0 mg/l, cifra que sobrepasa los LMP y que deberían estar por debajo de los 100 mg/l (Figura 12) establecidos en la Norma Ambiental Tula (Anexo 3).

Figura 12
Concentración de sólidos suspendidos totales reportada en las aguas residuales de Usafish

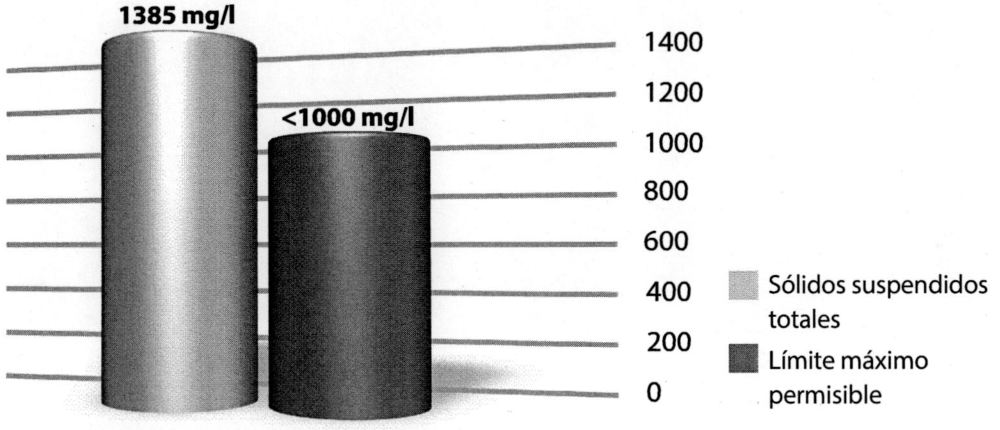

Fuente: Elaboración propia.

Los parámetros para sólidos disueltos totales tienen un valor menor a 3 000 mg/l en los LMP en la Normativa Ambiental y alrededor de 4 060.0 mg/l en los resultados, lo que nos revela con claridad que no se cumple con la Normativa Ambiental vigente (Figura 13).

Figura 13
Concentración de sólidos disueltos totales reportada en las aguas residuales de Usafish

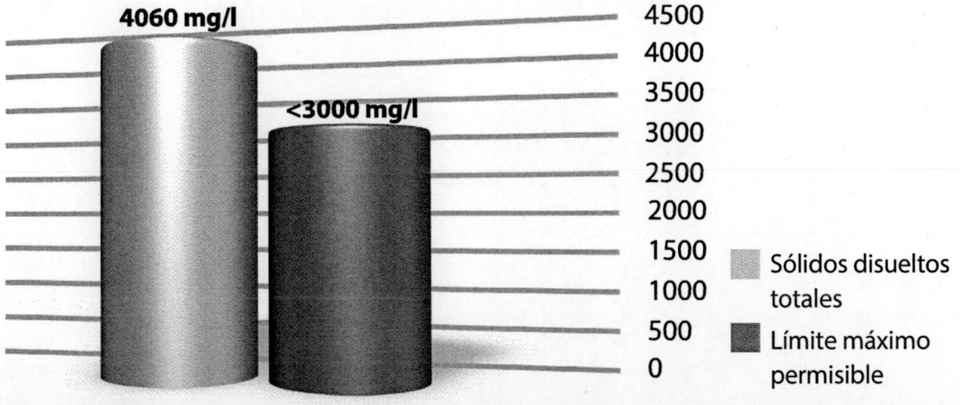

Fuente: Elaboración propia.

Resultados para la industria Irotrop

Los resultados de los análisis de las aguas residuales para la indutria Irotop se pueden observar en la Tabla 3.

Tabla 3

Resultado de los parámetros evaluados en la industria Irotop

USAFISH			
Parámetros	**Resultado**	**Unidades**	**Límite máx. permisible**
Potencial de hidrógeno	7.11	_	6.00-9.00
Temperatura	31.40	° C	<35
Aceites y grasas	2.30	mg/l	<0.30
Demanda bioquímica de oxígeno	816.00	mgO_2/l	<100
Demanda química de oxígeno	960.00	mgO_2/l	<250
Cloruros	5 880.30	mg/l	No aplica
Sodios	2 319.90	mg/l	No aplica
Sólidos suspendidos totales	76.00	mg/l	<100
Sólidos disueltos totales	8 040.00	mg/l	No aplica

Fuente: Elaboración propia.

Con base en los registros proporcionados por el Laboratorio Químico Marcos se hace referencia a los parámetros físico-químicos y se les compara con el LMP de acuerdo con la Norma Tula, Libro VI, Tomo V (Anexo 3).

El potencial de hidrógeno reportado para las aguas residuales provenientes de Irotop nos hace referencia a 7.11, lo que nos indica que está dentro de los parámetros permitidos (Figura 14).

Figura 14

Resultados obtenidos del potencial de hidrógeno contenido en las aguas residuales de Irotop

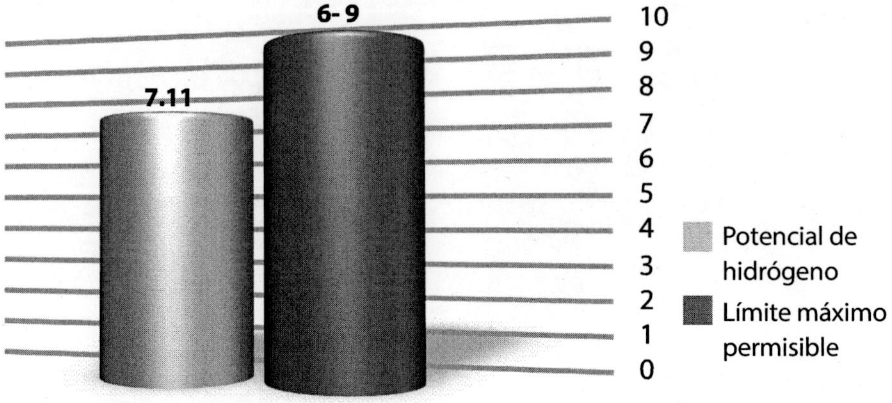

Fuente: Elaboración propia.

La temperatura se mantuvo dentro de los parámetros dispuestos por las Normativas, dentro de los LMP, con 31.40°C. Según la Norma Tula (Anexo 3), la temperatura debe mantenerse en valores menores a 35 °C (Figura 15).

Figura 15
Temperatura reportada en las aguas residuales de Irotop

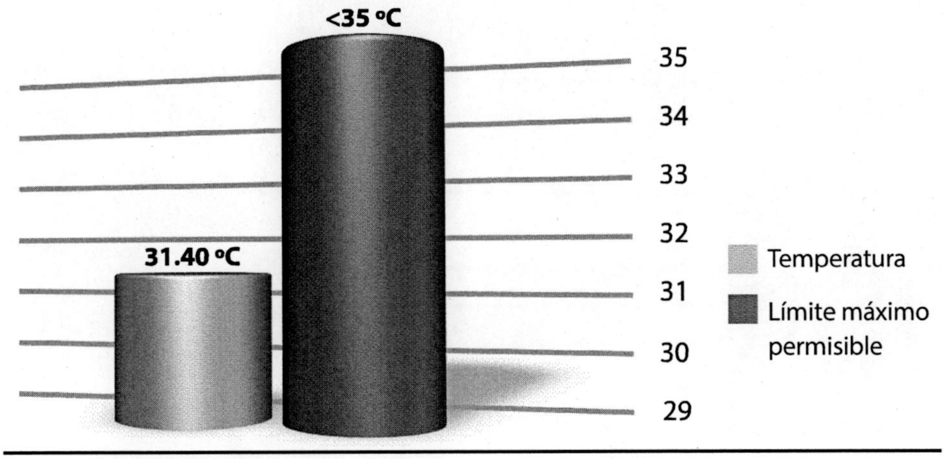

Fuente: Elaboración propia.

Para precisar los datos obtenidos en Aceites y Grasas se obtuvo el dato 2.30 mg/l, que indica que este parámetro sobrepasa el LMP que es <0.30 mg/l °C según la Norma Tula (Anexo 3). Aceites y Grasas deben mantenerse en valores menores a 0.30mg/l (Figura 16).

Figura 16
Concentración de aceites y grasas reportada en las aguas residuales de Irotop

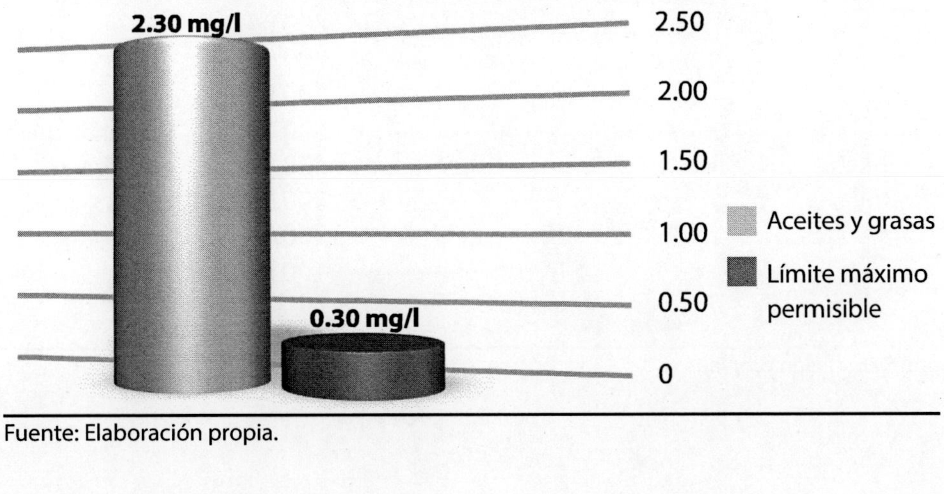

Fuente: Elaboración propia.

La demanda bioquímica de oxígeno superó los límites máximos permisibles expuestos en la Norma Tula, pues el parámetro registró 816.0 mgO_2/l, cuando debería ser menor a 100 mgO_2/l (Figura 17).

Figura 17
Demanda bioquímica de oxígeno reportada en las aguas residuales de Irotop

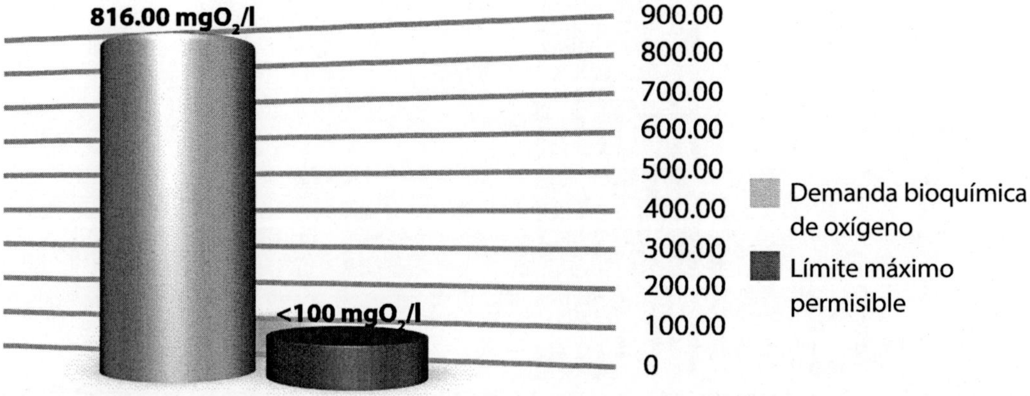

Fuente: Elaboración propia.

Para la demanda química de oxígeno se obtuvo 960.0 mgO_2/l, que supera el LMP, que para este parámetro no debería ser superior a los 250 mgO_2/l (Figura 18).

Figura 18
Demanda química de oxígeno reportada en las aguas residuales de Irotop

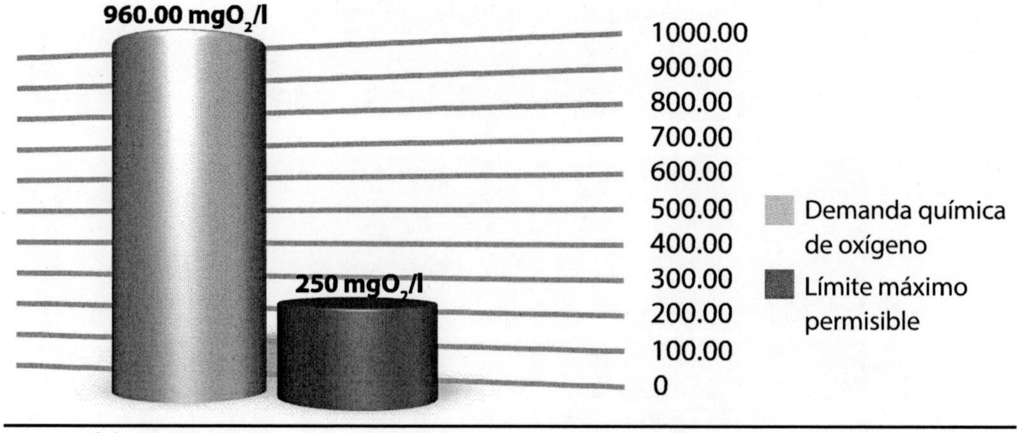

Fuente: Elaboración propia.

Para los análisis de cloruro se obtuvo la cifra 5 880.30 mg/l, un parámetro más que no cumple con la Normativa Ambiental vigente estipulada (Anexo 3), que debería ser menor a los 1000 mg/l (Figura 19).

Figura 19
Concentración de cloruros reportada en las aguas residuales de Irotop

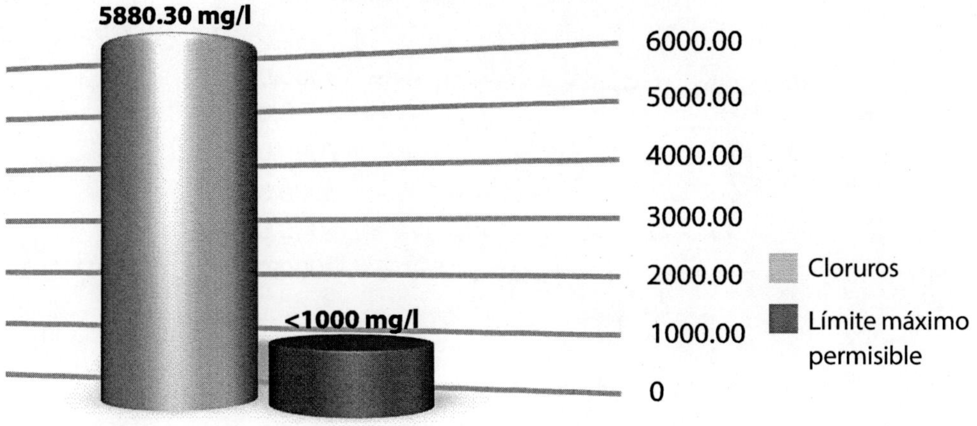

Fuente: Elaboración propia.

El resultado de los análisis para sólidos suspendidos totales fue 76.0 mg/l, parámetro que se encuentra dentro de los LMP, que deberían estar por debajo de los 100 mg/l (Figura 20).

Figura 20
Concentración de sólidos suspendidos totales reportada en las aguas residuales de Irotop

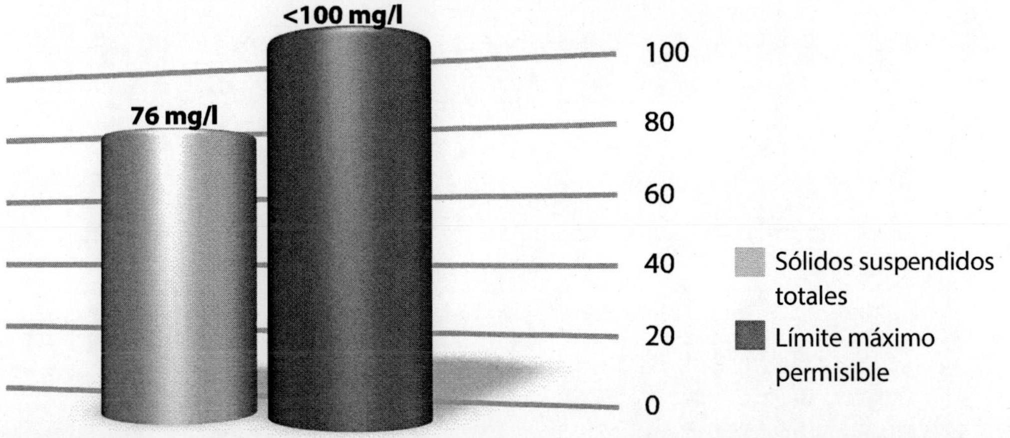

Fuente: Elaboración propia.

Los parámetros para sólidos disueltos totales tienen un valor menor a 3 000 mg/l, según la Norma Tula (Anexo 3), y en los análisis realizados se obtuvo 8 040.0 mg/l, esto nos revela con claridad que no se cumple con la Normativa Ambiental vigente (Figura 21).

Figura 21
Concentración de sólidos disueltos totales reportada en las aguas residuales de Irotop

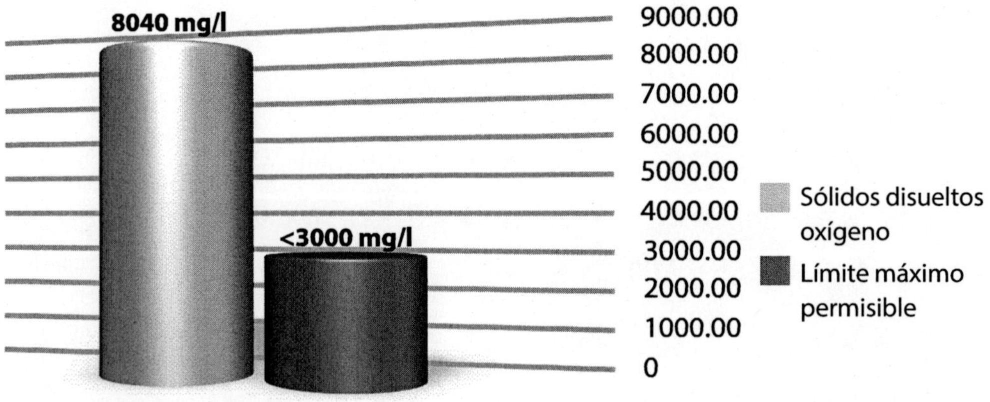

Fuente: Elaboración propia.

De las industrias analizadas, Irotop y Usafish, se puede establecer que incumplen los LMP establecidos en la Norma Ambiental Tula en los límites de descarga de agua marina, conforme los parámetros anteriores (Anexo 3) (Tabla 4).

Tabla 4
Contraste entre los valores de los parámetros evaluados en las aguas residuales provenientes de las empresas Usafish e Irotop

Parámetros evaluados de aguas residuales	Empresas	
	Usafish	Irotop
Aceites y grasas	4.60 mg/l	4.60 mg/l
Demanda bioquímica de oxígeno	4470.0 mgO_2/l	816.0 mgO_2/l
Demanda química de oxígeno	6130.0 mgO_2/l	960.0 mgO_2/l
Cloruros	2254.12 mg/l	5880.30 mg/l
Sodios	889.30 mg/l	2319.9 mg/l
Sólidos suspendidos totales	1385.0 mg/l	76.0 mg/l
Sólidos disueltos totales	4060.0 mg/l	8040.0 mg/l

Fuente: Elaboración propia.

Los parámetros fisico-químicos infringidos están marcado en color rojo y los que están dentro del límite permisible, de color negro.

Una representación porcentual de los parámetros fisico-químicos analizados en la industria Irotop cumple con 28.57% y Usafish cumple con 14.29% de su 100% total (Figura 22).

Figura 22

Representación porcentual de los valores de los parámetros fisico-químicos evaluados en las aguas residuales provenientes de Irotop

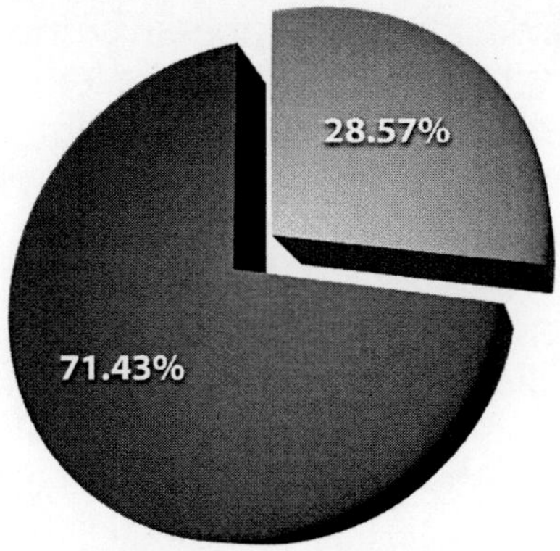

Fuente: Elaboración propia.

La representación porcentual de Irotop fue de 28.57, de forma que cumple con dos de los siete parámetros analizados por el Laboratorio Grupo Químico Marcos, conforme los LMP de la Norma Tula, a diferencia de Usafish, que enmarca 85.71% de incumplimientos de los análisis fisico-químicos y sólo representa 14.29%, lo equivalente a un solo parámetro (Figura 23).

Figura 23

Representación porcentual de los valores de los parámetros fisico-químicos evaluados en las aguas residuales provenientes de Usafish

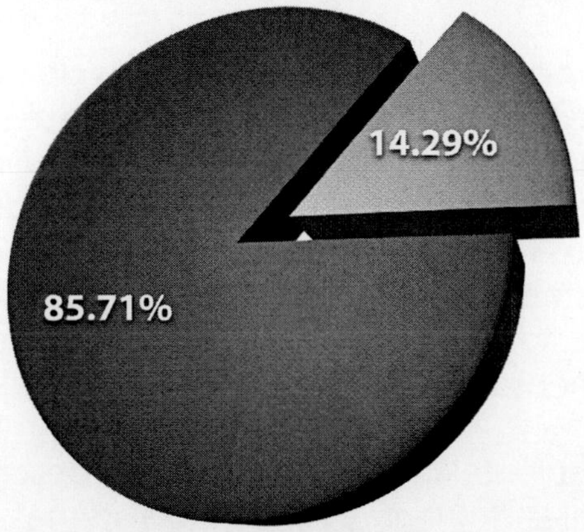

Fuente: Elaboración propia.

Discusión

Los análisis realizados por el Laboratorio Grupo Químico Marcos se fundamentaron en lo establecido en el código 1060A del "Manual de Métodos Estándares para el análisis de aguas y aguas residuales" (AWWA, APHA & WEF) y fueron comparados con la Norma de Calidad Ambiental y de Descarga de Efluentes: Recurso Agua de la Norma Tula del Libro VI del Anexo 3. Ésta fija los límites permisibles, las disposiciones y prohibiciones para las descargas en cuerpos de aguas o sistemas de alcantarillado; los criterios de calidad de las aguas para sus distintos usos; así como los métodos y procedimientos para determinar la presencia de contaminantes en el agua.

Los criterios para la descarga de efluentes deberán cumplir con las normas generales para ello, tanto al sistema de alcantarillado, como a los cuerpos de agua establecido. El regulado deberá mantener un registro de los efluentes generados, que indique el caudal del efluente, la frecuencia de descarga, el tratamiento aplicado a los efluentes, el análisis de laboratorio y su disposición; e identifique el cuerpo receptor.

La Norma de Calidad Ambiental (2012) establece que "los parámetros de descarga hacia el sistema de alcantarillado y cuerpos de agua (dulce y marina), en las tablas 11, 12, 13 los valores de los límites máximos permisibles, corresponden a promedios diarios. La Entidad Ambiental de Control deberá establecer la normativa complementaria en la cual se establezca: La frecuencia de monitoreo, el tipo de muestra (simple o compuesta), el número de muestras a tomar y la interpretación estadística de los resultados que permitan determinar si el resultado cumple o no con los límites permisibles fijados en la presente normativa para descargas a sistemas de alcantarillado y cuerpos de agua".

Para determinar los valores y concentraciones de los parámetros asentados en esta Norma Oficial Ecuatoriana, se deberán aplicar los métodos establecidos en el manual "Standard Methods for the Examination of Water and Wastewater", en su más reciente edición. Además, deberán considerarse las siguientes normas del Instituto Ecuatoriano de Normalización (INEN): Norma Técnica Ecuatoriana NTE INEN 2169:98. Agua: Calidad del agua, muestreo, manejo y conservación de muestras. Norma Técnica Ecuatoriana NTE INEN 2176:98. Agua: Calidad del agua, muestreo, técnicas de muestreo.

Las municipalidades, de acuerdo con sus estándares de Calidad Ambiental, deberán definir sus normas de forma independiente mediante ordenanzas que consideren los criterios de calidad establecidos para el uso o los usos asignados a las aguas, y serán las autoridades encargadas de realizar los monitoreos de la calidad de los cuerpos de agua ubicados en su jurisdicción, llevando los registros correspondientes, quienes permitan establecer una línea base y de fondo que facilite ajustar los límites establecidos en esta Norma en la medida requerida. Ello, en sujeción a lo establecido en el Reglamento para la Prevención y Control de la Contaminación.

La Norma de Calidad Ambiental (2012) prohíbe toda descarga de residuos líquidos en las vías públicas, canales de riego y drenaje o sistemas de recolección de aguas lluvias y aguas subterráneas. La Entidad Ambiental de Control, de manera provisional mientras el proveedor del servicio de alcantarillado sanitario y tratamiento no instale un sistema de alcantarillado certificado e informe de forma favorable acerca de esta entidad para esa descarga, podrá autorizar la descarga de aguas residuales en sistemas de recolección de aguas de lluvia, como excepción, siempre que cumplan con las normas de descarga en cuerpos de agua.

En la ciudad de Manta, en la parroquia Los Esteros, hay un sinnúmero de industrias alimentarias dedicadas a la elaboración de productos pesqueros y alrededor de 10 industrias, muchas de ellas catalogadas por la Entidad Ambiental de Control, por la Normativa Ambiental vigente regida por el Municipio Cantonal de Manta y la Dirección de Gestión Ambiental, ente regulador que ha clasificado a esta parroquia como zona industrial.

La categorización que tienen las industrias se basa en el tratamiento que le dan a las aguas residuales en las plantas procesadoras. Un rango de ocho de estas industrias se ajusta a la norma técnica de Ley de Gestión Ambiental para la Prevención y Control de la Contaminación Ambiental (1999), y están sometidas a las disposiciones de aplicación obligatoria de los Límites de descarga de efluentes al sistema de alcantarillado.

Entre las industrias pesqueras podemos encontrar a Pefrescomar S.A., Olimar S.A., Conservera del Atún, Conservas Isabel, Pespesca, Mardex Mariscos de Exportación, Seafman, Galapesca, Usafish, Irotop. Algunas de éstas han sido infraccionadas por exceder los LMP de descarga de efluentes al sistema de alcantarillado, según el informe de ensayos del laboratorio Grupo Químico Marcos, contratado por el Municipio de Manta por medio del departamento de Dirección de Gestión Ambiental para vigilar las descargas industriales hacia el mar y el alcantarillado sanitario.

Como se puede observar en los resultados del presente estudio, a pesar del proceso que las industrias Usafish e Irotop proporcionan a sus aguas residuales descargadas al mar, éstas superan los límites permisibles establecidos en las normas ambientales, como se ve en los valores expresados con anterioridad en los resultados.

Conclusiones

Las aguas residuales se han convertidito en uno de los más negativos generadores de impacto en el medio ambiente, debido a la concentración de sustancias contaminantes que afectan el equilibrio de los ecosistemas terrestres, acuáticos y marinos y, consigo, a la misma humanidad que ha generado la contaminación a pesar de los sistemas instrumentados para reducir el efecto en los cuerpos receptores (Seoánez, 2000).

Con base en los registros proporcionados referentes a la realización de los ensayos físico-químicos de la descarga final del agua residual por industrias pesqueras y la planta recicladora de aguas residuales podemos concluir, por un lado, que el tratamiento que la industria pesquera Usafish se le da a tales aguas antes de ser descargadas a los cauces de río y al mar no cumple, conforme la mayoría de los parámetros analizados con la Normativa Ambiental, con los parámetros de acreditación ISO17025. Únicamente el ensayo de potencial de hidrógeno (pH) con 6.77 y

26.90 °C de temperatura quedan dentro de los límites permisibles establecidos con (Anexo 3). Lo anterior contrasta con los demás ensayos que sobrepasan de manera considerable estos límites, indicados en los resultados.

Por otro lado, en las instalaciones de la planta de tratamiento de aguas residuales Irotop se pudo constatar que los efluentes tratados en la salida de descarga final reportaron una clara evidencia de contaminación ambiental, puesto que van de forma directa al mar diariamente, y atentan contra el hábitat de las especies marinas, ya que su demanda bioquímica de oxígeno es 816.0 mgO_2/l, cuando el límite máximo permisible debe ser menor a 100 mgO_2/l y la demanda química de oxígeno debería ser menor a los 250 mgO_2/l. En Irotop, éste valor es de 960 mgO_2/l, sin dejar de mencionar los residuos de aceites y grasas que arrojan datos de 2.30 mg/l cuando su valor máximo permisible no debería superar los 0.30 mgO_2/l.

Aunque las fábricas han mejorado sus sistemas de descontaminación, en sectores como La Florita, de la parroquia Los Esteros, los habitantes de la zona aún se quejan de que la contaminación de aguas residuales causa olores nauseabundos y humo (Anexo 7)

El Río Muerto, asentado en las riberas de la parroquia Los Esteros, es la prueba más evidente debido a los malos olores que se perciben y los desechos (espinas) en las aguas residuales de las procesadoras de pescado que provocan el atasco del cauce (Anexo 4). Dicho ambiente en degradación es compartido por la población de la parroquia Los Esteros, que convive con la contaminación que provocan éstas y otras empresas asentadas en el sector, cuyos efectos en su salud aún no son claros.

Es inevitable confirmar que existen problemas relacionados con deficiencias administrativas, corrupción, politiquería e incompetencias. Pero también pobreza derivada de la desigualdad, la ausencia de planificación en el uso de suelos y en la distribución de la población e, igualmente, graves carencias en investigación y educación, problemáticas que nos atañen como latinoamericanos pero que, sin duda, en cada país de la región tienen connotaciones diferentes.

Tal es la magnitud del problema, que un informe de la ONU resultado del IV Foro Mundial del Agua (2006), concluye que la mala gestión y la corrupción son factores principales en el agravamiento de la crisis del agua a escala mundial. Incorporar el ámbito político-social al análisis de la problemática del agua en la actualidad es de vital importancia para lograr avances en la materia, ya que el lento progreso y el retroceso en algunos puntos tienen su raíz en problemas estructurales muy complejos que sólo se solucionarán con un enfoque sistémico que implique un trabajo transdisciplinario, donde la participación de los municipios, los investigadores y la comunidad será decisiva y necesaria para la generación de soluciones factibles de ser desarrolladas en el ámbito local.

Referencias

Instituto Oceanográfico de la Armada del Ecuador (Inocar), (2012) *La Patria Empieza en el Mar*. Capítulo I: "Información General de la República del Ecuador", pp. 13-24. http://www.inocar.mil.ec/docs/derrotero/derrotero_cap_I.pdf [consultado el 10 de agosto de 2015]

Ley de Gestión Ambiental, Ley N° 37. Registro Oficial N° 245 del 30 de Julio de 1999.

Norma Técnica Ecuatoriana NTE INEN 2-288:2000 Productos Químicos Industriales Peligrosos, Registro Oficial N° 117 de julio 11 de 2000, oficializada como obligatoria por el acuerdo Ministerial N° 2000383 del 3 de julio de 2000.

Norma de Calidad Ambiental y de Descarga de Efluentes, (2012) *Recurso Agua*. Norma Tula del Libro VI del Anexo 3. Gobierno de la República de Ecuador, disponible en http://www.industrias.ec/archivos/CIG/file/CARTELERA/Reforma%20Anexo%20 28%20feb%202014%20FINAL.pdf [consultado el 10 de mayo de 2015]

Osorio Robles, Francisco, Torres Rojo Juan Carlos y Sánchez Bas Mercedes(2010) *Tratamiento de aguas para la eliminación de microorganismos y agentes contaminantes: aplicación de procesos industriales a la reutilización de aguas residuales*; España, Díaz de Santos.

Organización de las Naciones Unidas (ONU), (2006) *Síntesis del IV Foro Mundial del Agua*. Instituto Nacional para el Desarrollo Sostenible (IIDS), Vol. 82, Núm. 15, México DF, http://www.iisd.ca/crs/worldwater4/html/ymbvol82num15s.html [Accesado el 15 de mayo de 2015]

Panayotou, Theodore, Faris Robert, Uribe Eduardo, Duque Jorge, Galarza Elsa; (2003) *Competitividad y contaminación industrial en la Región Andina*. Ecuador, Corporación Andina de Fomento.

Reglamento a la Ley de Gestión Ambiental para la Prevención y Control de la Contaminación, (2003) emitido mediante el Decreto Ejecutivo N°3516, del registro oficial "Edición Especial N° 2" del 31 de marzo de 2003. Tratado Unificado de Legislación Ambiental secundaria (TULAS), Libro VI, Título IV.

Rojas, Ricardo. *Sistemas de Tratamiento de Aguas Residuales*, (2002) Gestión integral de tratamiento de aguas residuales Centro Panamericano de Ingeniería Sanitaria y Ciencias del Ambiente-División de Salud y Ambiente/ Organización Panamericana de la Salud/Organización Mundial de la Salud.

Ros, Giuseppina Da, (1995) *La Contaminación de Aguas en Ecuador: Una Aproximación Económica*. Ecuador, Abya Yala.

Seoánez Calvo, Mariano, (2000) *Manual de Contaminación Marina y Restauración Del Litoral: Contaminación*. Barcelona, Mundi Prensa.

Sette Ramalho, Rubens, Jiménez Beltrán Domingo, De Lora Soria Federico;, (2003) *Tratamiento de Aguas Residuales*. España, Reverte.

Texto unificado de Legislación Ambiental secundaria del Ministerio del Ambiente del Ecuador (TULAS), (2003) emitido mediante Decreto Ejecutivo Núm. 3516 del registro oficial "Edición Especial N°2" del 31 de marzo de 2003.

Tratamiento de Aguas Residuales Industriales, FUNIBER, (2010) *Constitución de la República del Ecuador*, Registro Oficial Núm. 449.

1.8 Anexos

Anexo 3

Tabla 5

Límites de descarga a un cuerpo de agua marina

Parámetros	Expresado como	Unidad	Límite máx. permisible
Aceites y grasas		mg/l	0.3
Arsénico total	As	mg/l	0.5
Alkil mercurio		mg/l	No detectable
Aluminio	Al	mg/l	5.0
Bario	Ba	mg/l	5.0
Cadmio	Cd	mg/l	0.2
Cianuro total	CN -	mg/l	0.2
Cobre	Cu	mg/l	1.0
Cobalto	Co	mg/l	0.5
Coliformes fecales	nmp/100 ml		Remoción[10] > a 99.9 %
Color real	Color real	Unidades de color	Inapreciable en dilución: 1/20
Cromo hexavalente	Cr^{+6}	mg/l	0.5
Compuestos fenólicos	Expresado como fenol	mg/l	0.2
Demanda bioquímica de oxígeno (5 días)	DBO_5	mg/l	100
Demanda química de oxígeno	DQO	mg/l	250
Fósforo total	P	mg/l	10
Fluoruros	F	mg/l	5.0
Hidrocarburos totales de petróleo	TPH	mg/l	20.0
Materia flotante	Visibles		Ausencia
Mercurio total	Hg	mg/l	0.01
Níquel	Ni	mg/l	2.0
Nitrógeno total kjedahl	N	mg/l	40
Plata	Ag	mg/l	0.1
Plomo	Pb	mg/l	0.5
Potencial de hidrógeno	pH		6-9
Selenio	Se	mg/l	0.2
Sólidos suspendidos totales		mg/l	100
Sulfuros	S	mg/l	0.5

[10] Aquellos regulados con descargas de coliformes fecales menores o iguales a 3 000 quedan exentos de tratamiento.

Continuación...

Parámetros	Expresado como	Unidad	Límite máx. permisible
Organoclorados totales	Concentración de organoclorados totales	mg/l	0.05
Organofosforados totales	Concentración de organofosforados totales	mg/l	0.1
Carbamatos totales	Concentración de carbamatos totales	mg/l	0.25
Temperatura	°C		< 35
Tensoactivos	Sustancias activas al azul de metileno	mg/l	0.5
Zinc	Zn	mg/l	10

Anexo 4

Desembocadura del Río Muerto hacia el mar (Fuente: propia).

Anexo 5

Vertiente proveniente de la quebrada Río Muerto donde desembocan las aguas residuales de las industrias (Fuente: propia).

Anexo 6

Presencias de alcantarillas; en el fondo, Industrias Pesqueras (Fuente: propia).

Anexo 7

Aguas residuales vertidas constantemente hacia el medio marino (Fuente: propia).

Anexo 8

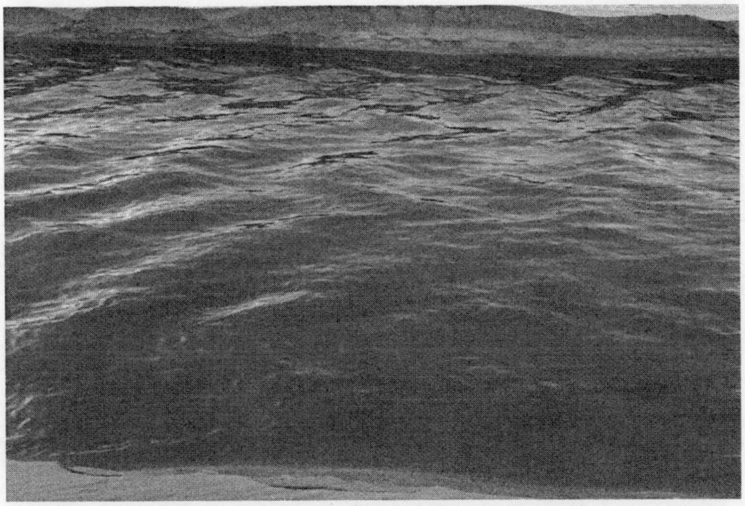

Las aguas residuales presentan turbiedad (Fuente: propia).

Anexo 9: Descripción de los parámetros utilizados en el presente estudio para la caracterización de la calidad del agua tomada de Sette *et al.*, 2003.

Sólidos totales

Los sólidos totales están presentes en el agua debido a la acción de la erosión del agua sobre el medio (algas, arcillas, sedimentos, etc.), por el vertido de aguas residuales urbanas con gran cantidad de sólidos en suspensión, por lo general de carácter orgánico y los vertidos de aguas residuales industriales que contienen sólidos en suspensión, tanto de naturaleza orgánica como inorgánica.

Sus principales efectos son: proporcionan un aspecto desagradable al agua, contaminación orgánica e inorgánica y provocan el desarrollo de depósitos de fangos y de condiciones anaerobias en el medio, favorecen la formación de depósitos e incrustaciones que obstruyen conductos, bombas, etcétera.

Analíticamente se define el contenido de sólidos totales como "la materia que se obtiene como residuo tras someter un volumen conocido de agua a un proceso de evaporación a 103-105 ºC".

Temperatura

Es un parámetro importante, ya que regula la actividad biológica; puede afectar a gran número de reacciones que se producen en el agua, o influir en la solubilidad de las sustancias en el agua.

La temperatura del agua se debe a diferentes factores:

- Temperatura del ambiente (aguas superficiales).
- Vertido de aguas residuales.

Los principales efectos son los asociados al crecimiento de algas, la utilización en procesos de refrigeración.

Sólidos disueltos

Se les define como el material que permanece en el agua después de eliminar los sólidos en suspensión. Resultantes de la capacidad que tiene el agua de disolver sólidos, líquidos y gases. Pueden ser:

- Orgánicos: vegetación, productos químicos orgánicos y gases orgánicos.
- Inorgánicos: minerales, metales y gases (O_2 y CO_2).

Los principales efectos son: color, sabor y olores desagradables y generan contaminación. No siempre los sólidos disueltos son indeseables, ya que un agua con pocos sólidos disueltos será agresiva y disolverá más fácilmente los materiales con los que entre en contacto.

Demanda bioquímica de oxigeno

Es la cantidad de oxígeno consumida (a 20 ºC y durante 20 días) por los microorganismos en la oxidación bacteriana de la materia orgánica biodegradable contenida en una muestra de agua. Se expresa en mg O_2/l o ppm. Habitualmente se determina la DBO_5 (DBO_5 a cinco días).

El método de la DBO se efectúa con los siguientes pasos:

1 Se diluye un volumen de muestra de agua residual con otro volumen de agua inoculada con un cultivo mixto de bacterias saprófitas y bacterias autótrofas. Hay que aclarar que cuando el agua residual contiene una gran población de microorganismos, la inoculación no es necesaria.
2 Se mide el contenido de oxígeno de la disolución resultante.
3 Se dejar reposar la disolución resultante en una incubadora a 20 ºC (si se deja en reposo cinco días ,se obtendrá la DBO_5).
4 Se mide el contenido de oxígeno en la dilución incubada.
5 El valor de la DBO_5 corresponderá a la diferencia entre el oxígeno disuelto existente en la muestra antes y después de la incubación de cinco días.

Debe mencionarse que cinco días no son suficientes para lograr la completa oxidación biológica, ya que éste es un proceso lento que teóricamente necesitaría un tiempo infinito para completarse. Se considera que en un periodo de 20 días se completa en 95-99% la oxidación de la materia orgánica, mientras que en cinco días este valor es de 60-70% (**Figura A**).

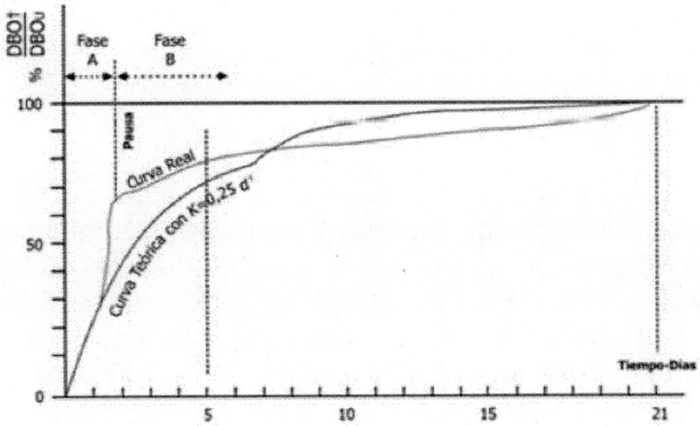

Figura A: Variación de la DBO con el tiempo. Fuente: modificado a partir de Ronzano & Dapena, 1995.

En referencia a la **Figura A**, la curva real de la variación de la DBO es la resultante de dos reacciones principales:

- Síntesis bacteriana: A partir de las materias orgánicas degradables. Generalmente se completa en 1 o 2 días (Fase A).
- Crecimiento de bacterias: Utilizando la biomasa sintetizada anteriormente como sustrato (Fase B).

A pesar de las limitaciones de este parámetro, requiere inóculos con alta concentración de microorganismos aclimatados; debe reducirse el efecto de las bacterias nitrificadoras; necesita pretratamiento cuando se trabaja con agua residual que contiene agentes tóxicos; sólo mide la materia orgánica biodegradable.

Demanda química de oxígeno

Se emplea para medir el contenido de materia orgánica de las aguas. Es la cantidad de oxígeno consumido por la oxidación química de sustancias orgánicas (y algunas inorgánicas) contenidas en el agua analizada. Normalmente se utiliza un agente químico fuertemente oxidante –dicromato potásico ($K_2Cr_2O_7$)– en medio ácido durante dos horas de digestión. Se expresa en mg O_2/l.

La reacción sin igualar, es:

$$(C_aH_bO_c) + Cr_2O_7^{2-} + H^+ \longleftrightarrow Cr^3 + CO_2 + H_2O$$

Las ventajas que presenta el método de la DQO frente al de la DBO es que es más rápido que el de la DBO (dura unas 3 horas) y es aplicable cuando las aguas contaminadas contienen agentes tóxicos para los microorganismos, ya que en este caso el método de la DBO daría valores de materia orgánica mucho más bajos de los que realmente hay.

Dado que el compuesto químico oxidante es mucho menos selectivo que los microorganismos, toda la materia oxidable presente se oxidará (incluso aquella que no sería descompuesta por microorganismos). Por tanto, los valores obtenidos de DQO serán superiores (o, como mínimo, iguales) a los valores correspondientes de DBO.

Grasas

La presencia de grasas y aceites en el agua residual puede provocar problemas tanto en la red de alcantarillado como en las plantas de tratamiento. Este problema se solventa con la introducción de sistemas de desengrasado en las plantas de tratamiento de aguas. Si no se eliminan las grasas y los aceites antes de su vertido, pueden interferir con la vida biológica en aguas superficiales y crear películas y acumulaciones de materia flotante degradable (Sette *et al.*, 2003).

Capítulo 4

Calidad del agua para consumo humano y su relación con la prevalencia de diarrea infantil en las poblaciones costeras de Yucatán

Por Rubén de J. Solís Mecalco[11], Benito Salvatierra[12],
Austreberta Nazar[13], y Gilbert Brenes[14]

Resumen

Durante las décadas de los años ochenta y noventa, México atravesó por una serie de crisis económicas y medidas de ajuste que básicamente promovían la aceleración de los procesos de privatización y retiro del Estado; medidas que han tenido implicaciones para la población mexicana y que pueden analizarse a partir de la calidad de ciertos recursos básicos como el agua para consumo humano. El presente estudio es un esfuerzo por demostrar con datos cuantitativos, la relación de la contaminación del agua para consumo humano con la prevalencia de diarrea en los menores de cinco años que habitan en las poblaciones costeras de Yucatán. Se llevó a cabo un estudio transversal mediante la aplicación de encuestas por muestreo probabilístico en las que se recopiló información socioeconómica acerca de los hogares en la zona y del acceso que tienen a los servicios de Salud; para los análisis de calidad del agua se empleó el *kit* de campo Coliscan Easy-Gel, con el que se pudo detectar la presencia de *E. coli* y coliformes totales en el agua consumida; en el caso de la diarrea infantil se tomaron en cuenta los casos ocurridos en los 15 días anteriores a la aplicación de la encuesta. Con esta información se elaboró una serie de modelos de regresión lineal para comprender el efecto de cada variable sobre presencia de coliformes totales y *E. coli* en el agua para consumo, así como la incidencia de diarrea infantil. La prevalencia de diarrea en menores de cinco años domiciliados en la costa de Yucatán fue de 9.1%, similar a la media nacional de 11% (Ensanut, 2012), con el grupo de menores que consumen agua con presencia de *E. coli* 6.4 veces mayor riesgo de presentar una enfermedad diarreica que aquellos que consumen agua sin dicho patógeno. La presencia de agentes infecciosos en el agua, tanto de tubería como de embotelladoras locales, y su alta influencia sobre la prevalencia de diarrea infantil en la zona son reflejo de cómo la falta de regulación por parte de las autoridades correspondientes tiene un efecto en el decremento de la salud infantil.

[11] Maestro en Ciencias en Recursos Naturales y Desarrollo Rural. Asistente de investigación en El Colegio de la Frontera Sur, México, rsolis@ecosur.edu.mx.

[12] Investigador titular de El Colegio de la Frontera Sur, Unidad San Cristóbal de las Casas, México, bsalvti@ecosur.mx.

[13] Investigadora titular de El Colegio de la Frontera Sur, Unidad San Cristóbal de las Casas, México, anazar@ecosur.mx.

[14] Profesor-investigador de la Universidad de Costa Rica, gbrenes@ccp.ucr.ac.cr.

Palabras clave: Coliformes totales, *E. coli*, prevalencia de diarrea infantil, calidad del agua, falta de regulación.

Introducción

Durante las décadas de los años ochenta y noventa, México atravesó por una serie de crisis económicas y medidas de ajuste propuestas por organismos internacionales, como el Banco Mundial y el Fondo Monetario Internacional, que básicamente promovían (García y Martínez, 2005) la participación del sector privado en la gestión de los servicios públicos (Domínguez, 2010).

La privatización definida en un sentido amplio abarcaría todas aquellas acciones que tienen como meta reducir la intervención del Estado en la economía. En consecuencia, comprende no sólo la transferencia de bienes públicos al sector privado, sino también la desregulación de determinadas actividades públicas o privadas, al igual que la concesión de la prestación de servicios públicos al ámbito privado (Pulkingham, 1989). Este trabajo hace especial hincapié en los procesos de desregulación de las actividades públicas y privadas relacionadas con el agua para consumo humano.

Estos procesos tienen implicaciones sociales, políticas y económicas diferentes según sean los espacios que el Estado ceda; por ello, el presente estudio es un esfuerzo por demostrar con datos cuantitativos la relación de la contaminación del agua para consumo humano con la prevalencia de diarrea en los menores de cinco años que habitan en las poblaciones costeras de Yucatán.

Falta de regulación en el servicio público de agua entubada

El proceso de enajenación por parte del Gobierno federal mexicano en la cuestión del agua comienza a partir del sexenio de Adolfo Ruiz Cortines (1952-1958), cuando la responsabilidad en la operación, el mantenimiento y la deuda de los sistemas de agua fue transferida a los ayuntamientos municipales (García y Martínez, 2005). Anteriormente (a partir de 1947), la Secretaría de Recursos Hidráulicos y su sucesora (la Secretaría de Agricultura y Recursos Hidráulicos) eran las responsables de operar las diversas formas institucionales (juntas locales) que se encargaban de la administración del servicio, tutelada por ingenieros que carecían de las capacidades necesarias para asegurar estándares adecuados de servicio para la población. Es importante señalar que la transición hacia una administración municipalizada ha procedido sin que sean confrontadas explícitamente las deficiencias institucionales, técnicas y financieras heredadas (Barkin, 2006).

Años después, con el surgimiento de la Comisión Nacional del Agua (CNA) en 1989, se impulsaría la conformación de organismos operadores de agua en el ámbito municipal, descentralizados de las autoridades y con un corte empresarial (García y Martínez, 2005), lo que generó confusión institucional, ya que su papel de operador es incompatible con sus responsabilidades como regulador.

Desde la teoría del servicio público, este modelo es cuestionado por no garantizar el acceso universal al agua, por el ejercicio de funciones públicas de la iniciativa privada sin control ni responsabilidad, así como por una gestión no democrática del agua (Domínguez, 2010). Ahora, después de más de un decenio de experiencias insatisfactorias, parece que se ha abandonado la estrategia de tratar de imponer la privatización de sistemas completos. En lugar de ello, la CNA ha optado por promover una privatización "silenciosa", al transferir la construcción y la operación de partes importantes de los sistemas (como sistemas de tratamiento, de cobranza o de plantas individuales de potabilización) a empresas privadas (Barkin, 2006).

Los procesos antes señalados transcurren en una situación en la que el sistema de agua pública a escala nacional no provee mejor acceso o mejores servicios a pesar de que se amplió la cobertura de 1990 a 2005, no se atiende de forma adecuada a las poblaciones vulnerables y la provisión de agua no se realiza con potabilización sino que, en su mayoría, se trata de agua clorada, como lo reconocen las propias autoridades del agua (Domínguez, 2010).

Esta serie de malas instrumentaciones de políticas públicas ha llevado a que en la actualidad el sistema de gestión hídrica en México esté en crisis. A pesar de que los datos oficiales señalan lo contrario, el reflejo más contundente de esta crisis, y que será detallado en el presente estudio, es la transmisión de enfermedades por la vía hídrica.

Impacto de la municipalización del agua pública en los ámbitos urbano y rural

El Artículo 115 constitucional de los Estados Unidos Mexicanos establece que es obligación de la autoridad municipal la prestación de los servicios de agua potable y saneamiento. Sin embargo, aún en la actualidad, las *capacidades locales* no son suficientes para atender los problemas del acceso al agua y saneamiento, porque la mayoría de los municipios en México o de los organismos operadores no cuenta con las capacidades técnica, financiera o humana, sobre todo en los municipios del sur del país, razón por la cual, en algunos casos, los gastos de los sistemas de agua municipales son subsidiados por las autoridades estatales (Domínguez, 2010). Además hay una diferencia en términos de capacidades tanto financieras como técnicas entre los municipios urbanos y rurales.

En el ámbito de la gestión urbana del agua, la Comisión Nacional del Agua (Conagua) ha instrumentando diversos programas para incentivar la modernización de las infraestructuras y de los sistemas administrativos, a la vez que fomenta y facilita la participación del sector privado en este proceso (Barkin, 2011). A lo anterior se suma el hecho de que en un municipio urbano es mayor el número de usuarios con capacidad de pago por el servicio, de tal forma que la iniciativa privada tiene más interés en involucrarse en proyectos desarrollados en este contexto.

Por otro lado, la gestión de las cuencas hidrológicas rurales ha sido delegada. En este caso, ha sido señalada como una de las estructuras más innovadoras, que pone en manos de los usuarios las decisiones relacionadas con los sistemas de riego, pero además deja a su responsabilidad la gestión y la asignación técnica, así como la obtención de los recursos para financiar su operación y su mantenimiento (Barkin, 2011), en una situación en la que muchos de sus usuarios no pueden pagar el servicio, por lo que el autofinanciamiento de los proyectos hídricos en estos municipios se vuelve casi inviable.

Falta de regulación del agua embotellada

Ante la falta de capacidad del Estado para proveer por medio de la infraestructura pública agua potable para al consumo de la población, el agua embotellada se vende como una alternativa más confiable para las familias mexicanas. Desde 2003, México es el segundo país consumidor más grande del mundo de agua embotellada, superado sólo por Estados Unidos (Cruz, 2009).

Según datos del Diagnóstico Científico y Tecnológico de Jalisco DCYTJ, el agua embotellada en México se distribuye por diferentes tamaños de unidades productivas, entre las que la pequeña empresa representa el mayor número de ellas (55.6%), seguida por las empresas grandes (33.3%) y el resto (11.1%) divido entre empresas micro y sin participación de empresas medianas (Ramírez, 2003). Una de las razones para tal interés comercial es lo altamente rentable de este negocio en el país, en el que el precio más alto por metro cúbico para uso industrial establecido por la Ley Federal de Derechos es de $18.28 pesos y la ganancia por venta de ese mismo metro cúbico es de $6 000 pesos, aproximadamente. Respecto a las concesiones, éstas suelen ser por 10 años y se pueden renovar sin gran esfuerzo y a un mínimo costo (Cruz, 2009).

En términos de reglamentación es preocupante el grave vacío constitucional para la regulación del agua embotellada que existe en México que, al ser considerada producto manufacturado, se sujeta a leyes específicas de comercio y de hacienda. Tampoco la Secretaría del Medio Ambiente y Recursos Naturales (Semarnat), o la Secretaría de Agricultura, Ganadería, Desarrollo Rural, Pesca y Alimentación (Sagarpa) e, incluso, la Comisión Nacional del Agua (CNA), adscrita a la Semarnat, tienen autoridad sobre este negocio millonario (Ramírez, 2003). En este último punto es importante distinguir entre regulación y reglamentación, ya que la reglamentación vigente expresada legalmente en la NOM 201-SSA1-2202 para productos y servicios, agua y hielo para consumo humano envasados y a granel, se aplica parcialmente a escala local, debido a los muestreos irregulares llevados a cabo por las instancias correspondientes, sobre todo en el ámbito rural. Esta situación es delicada, más si se sabe que dichas compañías obtienen agua de las mismas fuentes que la distribuyen por tubería a los hogares, por lo que si se presenta algún problema en el proceso de potabilización no regulado por las instituciones de Salud, podría significar la distribución de agua contaminada a un precio alto y sin que la población la trate adicionalmente (hervir), por cosiderarla potable.

Deficiencias en la regulación de la calidad del agua para consumo en las poblaciones costeras de Yucatán

En este sentido, las poblaciones costeras de Yucatán afrontan dos grandes problemas relacionados con el agua potable: su abastecimiento y la eliminación de las aguas negras (Mantilla *et al.*, 2002). Lo anterior coexiste con problemas administrativos de los ayuntamientos locales y de desabasto de agua potable, producto de constantes fugas y fallas en la red de distribución a cargo de los sistemas municipales de Agua Potable y Alcantarillado, en su mayoría ya constituidos como operadores públicos descentralizados (COMDA, 2013).

Al debate acerca del agua consumida por la población habría que agregar la falta de regulación que realizan las autoridades del Sector Salud sobre las empresas locales que se encargan de distribuir agua embotellada en la región, situación que aún no ha sido discutida con profundidad y que es importante por dos cuestiones principalmente: por un lado, porque es un ejemplo de la ausencia del Estado en su papel regulador del Sector Privado y, por otro, porque en Yucatán, la única vía de abastecimiento de agua es la subterránea, que es muy vulnerable a la contaminación, sobre todo en las zonas costeras, en donde la calidad bacteriológica del agua de esta región es clasificada como peligrosa (101-1000 coliformes fecales NMP/100ml) y muy contaminada (1001-240000 coliformes fecales NMP/100ml) (Pérez y Pacheco, 2004) excediendo por mucho los parámetros indicados en la Norma Oficial Mexicana (1994), que establece como límite un valor no detectable de organismos coliformes fecales en el agua para uso y consumo humano.

Los grados de contaminación del agua coinciden, a su vez, con el hecho de que Yucatán presenta la tasa de incidencia más alta de diarrea a escala nacional con 8 698.3 casos por cada 100 000 habitantes, lo que contrasta con la tasa nacional, cuyo valor promedio es de 4 955.2 por cada 100 000 habitantes, e implica que la tasa de incidencia en Yucatán casi duplica el promedio nacional, siendo el origen hídrico la principal causa de enfermedades gastrointestinales en la península (Mantilla *et al.*, 2002). Es importante resaltar que la calidad del agua es causa directa de gastroenteritis (Martínez *et al.*, 2012) y que, en México, la infección por E. coli enteropatógena es uno de los causas más comunes de diarrea infantil, siendo la causante de diarreas por infección de uno de cada cinco niños (Vidal *et al.*, 2007).

Ante este panorama, el presente estudio plantea que la calidad del agua tanto potable (pública) como de los garrafones genéricos (privada), que es consumida por la población, está perpetuando la alta incidencia de diarrea en los menores de cinco años que viven en las poblaciones costeras urbanas y rurales de Yucatán, en un contexto en el cual el retiro del Estado en términos de falta de regulación impide garantizar una verificación constante del recurso.

Metodología

Área de estudio

El estudio se realizó en las comunidades mestizas rurales de Celestún y Río Lagartos, así como en la zona urbana de Progreso, única área urbana de la costa de Yucatán

(INEGI, 2010), con el cual se obtuvo un panorama general de la situación costera del estado, gracias a la ubicación geográfica de las tres comunidades (Figura 24).

Figura 24
Ubicación en la costa yucateca de las comunidades de Celestún, Progreso y Río Lagartos

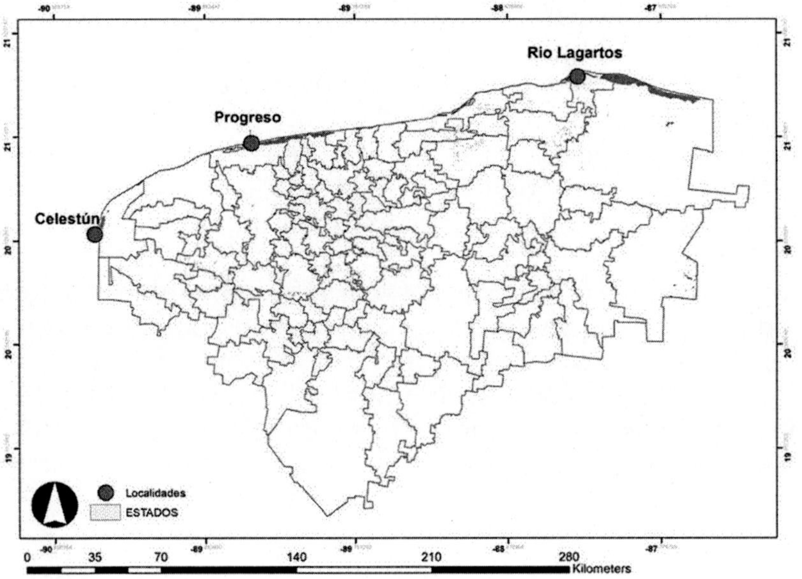

Fuente: Pérez y Pacheco, 2004.

Métodos

El tamaño de muestra n se calculó tomando en cuenta la prevalencia de diarreas en el estado de Yucatán – de 8.7 casos por cada 1 000 habitantes (Mantilla *et al.*, 2002)– y la fórmula de estimación de *n* para error de muestreo relativo o desconocido, tomada de Cochram (1998). El resultado al aplicar la fórmula fue n=740 personas, que al dividirlo entre el promedio de habitantes por vivienda (5.5 personas/hogares), se obtuvo un total de 135 hogares por Área Geoestadística Básica (AGEB) seleccionada. Las AGEB son representativas de los contextos rural y urbano y están ubicadas en las áreas costeras.

Con la lista del total de hogares censados de cada segmento se pasó a un proceso de selección probabilística autoponderada (pi=1/ni) de n´=30 hogares con menores de 0-59 meses de edad. La n´=30 se obtuvo con base en la fórmula del muestreo aleatorio simple para error de muestreo conocido.

En total, las encuestas se aplicaron en 151 hogares durante los meses de febrero y marzo de 2014, con lo cual se obtuvo información detallada acerca de las fuentes de abastecimiento de agua para consumo y el manejo de éstas. También se obtuvo información de la estructura familiar y de aspectos socioeconómicos, como la escolaridad, ingresos, ocupación y acceso a programas de apoyo gubernamental.

Se tomaron en cuenta tres variables dependientes en torno a las cuales giran el análisis y la discusión de los resultados: la prevalencia de diarrea en menores de cinco años, presencia de coliformes totales en el agua para consumo y la presencia de *E. coli* en el agua para consumo.

La prevalencia de diarreas en niños menores de cinco años (variable dependiente) se estimó por medio de un recuento de cada familia encuestada sobre la incidencia, la intensidad y la duración de las diarreas en los hijos (as) menores de cinco años en los últimos quince días inmediatos a la aplicación de la encuesta.

Para analizar la falta de regulación de la calidad del agua consumida por la población, las variables tomadas en cuenta fueron la presencia y la concentración de coliformes totales y *E. coli* en el agua consumida al interior de cada hogar ya sea proveniente de la tubería (Sector Público) o de garrafones genéricos (Sector Privado).

La calidad del agua consumida por la población se midió con base en la presencia y concentración de colonias de coliformes totales y colonias de *E. coli* con la utilización del *kit* de campo Coliscan Easy-Gel.

En los 151 hogares incluidos en la encuesta a lo largo de la costa yucateca se procedió a estimar la calidad del agua que era consumida por las familias (agua proveniente de la tubería y de garrafones genéricos[15]) tomándose un total de 204 muestras durante el mes de julio, de las cuales 115 fueron de agua entubada y 89 de agua de garrafón genérico, existiendo algunos hogares en dónde se tomó ambos tipos de muestras de agua. Las muestras de agua, de 2ml cada una, fueron tomadas con pipetas estériles directamente de la fuente de agua y colocadas en frascos con la solución del *kit* Coliscan Easy-Gel. Estos frascos, con y sin la muestra, permanecían siempre en refrigeración y sin entrada de luz.

Posteriormente, cada muestra en solución era vaciada en una caja de Petri estéril previamente rotulada en donde permanecía un promedio de una a dos horas, hasta solidificar. Enseguida se procedía a su incubación a una temperatura constante de 35 °C durante 40 horas y posteriormente se procedía al conteo de las colonias de bacterias, siendo las colonias de coliformes fecales aquellas con coloración roja y las de *E. coli* coloración azul.

La razón por la cual se decidió trabajar con la detección de *E. coli* en agua para consumo, es que en términos de asociación con la incidencia de diarrea infantil se ha notificado que en algunos países latinoamericanos, entre ellos México, la infección diarreica por *E. coli* supera a la provocada por *Campylobacter spp., Shigella, Giardia, Salmonella* y rotavirus en la población infantil (Vidal *et al.*, 2007).

[15] Agua embotellada proveniente de empresas locales generalmente sin una marca definida.

Con base en el marco teórico para el análisis de las tres variables dependientes, se hace hincapié en la condición urbana o rural de los municipios estudiados, con el fin de entender el comportamiento de las variables en estos contextos. El análisis supone que la regulación para la calidad del agua es más rigurosa en el centro urbano de Progreso. Este supuesto implica que los procesos de retiro del Estado en términos de provisión y regulación del agua tienen mayor trascendencia en la zona rural que en la urbana.

Adicionalmente, se tomaron en cuenta variables de control relacionadas con la condición socioeconómica, entre ellas, el sexo, la edad, los ingresos per *cápita* por familia (dólar estadounidense), tamaño de la familia, jefatura familiar, escolaridad de los integrantes de la familia de 13 años en adelante, acceso a programas de apoyo gubernamental, así como si las familias realizaban algún manejo del agua que consumían, ya fuera de tubería o de garrafón genérico, lo que permitió tener un entendimiento integral de la problemática abordada.

Por el tamaño reducido de la muestra, el efecto de las variables continuas en la incidencia de diarrea infantil fue analizado con la prueba no paramétrica de Kruskal-Wallis. El efecto de las variables nominales sobre la incidencia de diarreas se estimó utilizando tablas de contingencia, así como las pruebas Chi^2 de Fisher y asociación lineal dependiendo de las características de los datos de cada variable (Zar, 2010: 490-510) y tomando en cuenta una significancia del 0.10, que sería igual a 10%.

Finalmente, utilizando los datos de los grupos familiares y de los menores de cinco años incluidos en el estudio se emplearon análisis multivariados para generar dos series de tres modelos de regresión lineal logística que tenían como variables dependientes la presencia de coliformes totales y *E. coli* en el agua para consumo. Estos análisis se realizaron por grupo familiar y se elaboraron cuatro modelos de regresión lineal logística para la serie que tenía como variable dependiente, la prevalencia de diarrea en menores de cinco años.

Es importante señalar que en el proceso de selección de variables independientes se emplearon matrices de correlaciones con el fin de evitar efectos de colinealidad entre variables. Todos los análisis estadísticos fueron realizados con ayuda del programa SPSS versión 15.0.

Las herramientas interdisciplinarias utilizadas en el presente estudio permiten analizar –de una forma no tan explorada– y comprender la complejidad que está detrás la perpetuidad de la alta prevalencia de diarrea infantil en las poblaciones costeras de Yucatán, a pesar de los aparentes esfuerzos que la Secretaría de Salud y del Gobierno del estado de Yucatán realizan para promover, por un lado, las medidas para prevenir enfermedades diarreicas y, por el otro, expandir y mejorar las redes de distribución de agua potable a las comunidades.

Resultados

De los 187 niños (as) menores de cinco años (*n*) incluidos en el estudio durante el mes de julio, 9.1% presentaron casos de diarrea en los últimos 15 días inmediatos a la aplicación de la encuesta. Esta prevalencia de diarrea en menores de cinco años es similar al 11% nacional reportado en la ENSANUT[16] 2012 (Ferreira-Guerrero *et al.*, 2013).

Todos los menores incluidos en el estudio pertenecen a familias que reportaron tener como fuente principal de agua para consumo el agua de los garrafones, sin embargo un 33.7% (n=63) de los menores pertenecen a familias que reportaron utilizar el agua de la tubería para cocinar o beber.

Una elevada proporción de las familias incluidas en el estudio (Progreso, Celestún y Río Lagartos) consume agua de garrafón genérico[17], por sus precios bajos ($8 a $15 pesos), que son tres veces menores en comparación con las marcas nacionales como Bonafon o Cristal ($20 a $25 pesos). Por esta razón, en el presente estudio se hace hincapié en la calidad del agua embotellada de las empresas locales, que son las que en mayor medida consume la población.

Respecto a los resultados de los análisis de calidad del agua de la tubería, 43.3% de los menores de cinco años pertenece a hogares en donde se reportó la presencia de coliformes totales en ésta y 10.2% de los menores pertenece a hogares en donde el agua de la llave contiene *E. coli*. En cuanto al agua de los garrafones genéricos, el 43.3% de los menores contemplados en el estudio pertenece a hogares en donde dicha agua reportó la presencia de coliformes totales y el 11.8% de los menores pertenece a hogares en donde este tipo de agua reportó la presencia de *E. coli* (Tabla 4).

Estos resultados demuestran que no existe una variación significativa en términos de calidad del agua para consumo entre el agua de la tubería y el agua embotellada distribuida por empresas locales, aunque esta última se vende como si fuera de mejor calidad y a un mayor precio a la población, situación alarmante ya que ninguna de las opciones de agua que ofrece tanto el estado como la iniciativa privada está en condiciones de ser consumida por las familias de la costa yucateca.

Tabla 4

Resultados de los análisis de calidad del agua de la tubería y de garrafón genérico consumido por los menores de cinco años incluidos en el estudio

	Agua de la tubería (n = 187)	Agua embotellada (n= 187)
Presencia de coliformes totales (%)	43.3% (81)	43.3% (81)
Presencia de *E. coli* (%)	10.2% (19)	11.8% (22)

Fuente: Elaboración propia.

[16] Encuesta Nacional de Salud y Nutrición.

[17] Aquellos garrafones de agua purificada distribuidos por potabilizadores locales sin una marca registrada.

La prevalencia de diarrea infantil reportada para las comunidades costeras de Yucatán está relacionada con la presencia de *E. coli* en el agua de algunos garrafones genéricos que consumen las familias, a la que no le dan tratamiento alguno por considerarla agua en buen estado para ser consumida, a pesar de que su manejo reduce la prevalencia de diarrea infantil en la zona (5.9%) respecto al no manejo de la misma (9.8%). Así, en las poblaciones costeras de Yucatán los menores de cinco años que consumen agua con presencia de *E. coli* tienen 6.4 (p=0.001) veces más probabilidades de presentar algún cuadro diarreico, que aquellos que consumen agua sin la presencia de dicho patógeno (Tabla 5).

El contexto de la comunidad de origen tiene un impacto estadísticamente significativo sobre la prevalencia de diarrea (p=0.07), observándose una tendencia en el mes de julio en donde la comunidad de Río Lagartos reportó la prevalencia más elevada de diarrea infantil (15.2%), seguida de Progreso (10.5%) y Celestún (5.1%) (Tabla 5).

Para entender esta tendencia es necesario resaltar que en las tres comunidades, la principal fuente de agua para consumo es el agua embotellada. En este contexto, Río Lagartos es la comunidad con el menor porcentaje de menores que consumen agua de garrafón adicionalmente tratada por la familia (5.6%) y, a su vez, 22.2% de los menores consume agua embotellada con presencia de *E. coli*. En Celestún, a pesar de que 31.6% de los menores consume agua de garrafón con presencia de *E. coli*, 34.2% de ellos pertenece a familias que le dan un manejo adicional al agua de garrafón. Estos datos sugieren que las prácticas de manejo del agua embotellada disminuyen la prevalencia de diarrea infantil en las comunidades costeras incluidas en el estudio.

Se pudo observar una diferencia menor en términos de prevalencia de diarrea infantil entre la población beneficiaria (8.5%) y la no beneficiaria (9.3%) de algún apoyo gubernamental. Este hecho se da en un contexto en el que sólo 25% de los menores de cinco años incluidos en el estudio pertenece a familias beneficiarias, mientras que el restante 75% carece de apoyo alguno (Tabla 5), a pesar de que la costa de Yucatán es considerada como una zona de marginación media según datos del Consejo Nacional de Población (2010).

Respecto a las variables latentes categóricas analizadas en el presente estudio –la edad y el sexo del menor, el tipo de jefatura en el hogar, el consumo de agua entubada, el contar con agua entubada al momento de la encuesta y las prácticas de manejo del agua embotellada y de la llave–, éstas no presentaron un efecto estadísticamente significativo sobre la incidencia de diarrea infantil. Adicionalmente, las categorías analizadas para estas variables presentaron una prevalencia de diarrea infantil igual o muy similar entre ellas (Tabla 5).

El tamaño de la familia así como la escolaridad de los integrantes de la familia de 13 años y más no presentaron un efecto estadísticamente significativo en la incidencia de diarrea infantil (Tabla 6). Por su parte, los ingresos per *cápita* en dólares por familia no influyen de manera significativa en la incidencia de diarrea infantil, siendo la media de ingresos de las familias de las tres comunidades tomadas en cuenta en el estudio, superior al mínimo delimitado a escala internacional (1.23 dólares al día) (Tabla 6).

Tabla 5
Variables nominales incluidas en el estudio y su efecto sobre en la prevalencia de diarrea infantil (n=187)

	n	Casos	Prevalencia	P-valor	Razón de momios
Beneficiario de un programa gubernamental				0.56+	1.1
Sí	47	4	8.5		
No	140	13	9.3		
Coliformes totales en agua para consumo				**0.092+**	**4.6**
Presentes	148	16	10.8		
Ausentes	39	1	2.6		
***E. coli* en agua para consumo humano**				**0.001+**	**6.4**
Presentes	41	10	24.4		
Ausentes	146	7	4.8		
Comunidad de origen				**0.078++**	
Celestún (rural)	78	4	5.1		
Progreso (urbano)	76	8	10.5		
Río Lagartos (rural)	33	5	15.2		
Sexo del menor de 5 años				0.26+	0.63
Masculino	91	10	11.0		
Femenino	96	7	7.3		
Jefatura de la familia				0.43+	0.64
Masculina	156	15	9.6		
Femenina	31	2	6.5		
Edad en años				0.38++	
0-24 meses -1 día	71	3	4.2		
24--36 meses -1 día	35	7	20		
48-60 meses - 1 día	81	7	8.6		
Manejo del agua entubada para consumo				0.34+	0.7
Sí	74	8	10.8		
No	113	9	8.0		
Consumo de agua entubada				0.33+	1.4
Sí	63	7	11.1		
No	124	10	8.1		

Continuación...

	n	Casos	Prevalencia	P-valor	Razón de momios
Con servicio de agua entubada				0.37+	1.1
Sí	177	17	9.6		
No	10	0	0		
Manejo del agua embotellada				0.36+	1.7
Sí	34	2	5.9		
No	153	15	9.8		
+X^2 de Fisher. ++Asociación lineal.					

Fuente: Elaboración propia.

Al analizar las variables continuas relacionadas con la falta de regulación de la calidad del agua para consumo, se pudo observar que la concentración de *E. coli* en el agua consumida tiene un efecto significativo sobre la prevalencia de diarrea infantil, siendo mayor la concentración de *E. coli* en el agua que es consumida por los menores de cinco años reportados con diarrea (Tabla 6).

Tabla 6

Variables continuas incluidas en el estudio y su efecto sobre la prevalencia de diarrea infantil

	Rango promedio		Chi^2 (gl)	P-valor
	Casos	No Casos		
Concentración de coliformes totales (ufc/100ml)	113.47	92.05	2.45 (1)	0.117
Concentración de *E. coli* (ufc/100ml)	**124.47**	**90.85**	**12.06 (1)**	**0.001**
Tamaño de la familia	92.59	93.59	0.006 (1)	0.94
Ingresos per *cápita* en dólares	78.03	95.6	1.63 (1)	0.202
Escolaridad de familiares de 13 años y más	102.24	93.18	0.43 (1)	0.51

Fuente: Elaboración propia.

En los análisis multivariados de regresión lineal logística se emplearon tres variables dependientes –la presencia de coliformes totales y *E. coli* en el agua para consumo y la prevalencia de diarrea en los menores de cinco años– que dieron lugar a la generación de tres series de modelos. Para el análisis de las primeras dos se utilizó la base de datos con información del grupo familiar y para el análisis de la prevalencia de diarrea, la base de datos con información de cada menor de cinco años incluido en el estudio.

De las tres series antes descritas, en el primer modelo únicamente se tomó como variable independiente el contexto rural y urbano. En el segundo modelo se incorporaron las variables de manejo del agua embotellada, consumo de agua entubada, la percepción de algún olor en el agua entubada y si las familias contaban con el servicio de agua entubada al momento de hacer la encuesta. En el tercer modelo, a las variables antes mencionadas se adicionaron el tipo de jefatura (masculina/femenina), el promedio del grado de escolaridad en los mayores de 13 años de cada grupo familiar, el ingreso per *cápita* (dólar-EU) y el acceso a un programa de apoyo gubernamental. En la serie de modelos que tiene como variable dependiente la prevalencia de diarrea en menores de cinco años, se procedió a realizar un cuarto modelo en el que se incorporan al análisis el sexo y la edad del menor, así como la presencia de coliformes totales y *E. coli* en el agua que consumen los menores de cinco años. En esta serie no se tomó en cuenta la variable de si las personas contaban con agua potable al momento de la encuesta, ya que la gran diferencia de proporciones entre el grupo que sí disfrutaba del servicio y el que no (Tabla 5), generaba problemas de modelación.

En la serie de modelos que tiene como variable dependiente la presencia de *E. coli* en el agua para consumo, se puede observar que las variables predictivas con coeficiente significativamente distinto de cero son: el olor del agua de tubería (modelo 2: Beta= 0.94, p= 0.06 y modelo 3: Beta= 0.95, p= 0.07) y ser beneficiario de algún programa gubernamental (modelo 3: Beta= –0.89, p= 0.09). En este sentido, los hogares que perciben algún olor en el agua de la tubería tienen 2.57 veces los momios de presentar *E. coli* en el agua que aquellos que no perciben olor alguno en el agua, este aspecto es de gran relevancia ya que según la NOM-230-SSA1 (2002) el agua para uso y consumo humano debe ser inodora y no debe presentar *E. coli*, condiciones que, no solamente no se cumplen en el área de estudio, sino que además están asociadas entre sí. Por su parte, las familias que son beneficiarias tienen 0.41 menos momios de presentar *E. coli* en el agua de tuberías que aquellas que no son beneficiarias (Tabla 7). Adicionalmente no se encontró un coeficiente significativamente distinto de cero para la variable *área*, por lo que no se encontró una asociación entre las diferencias del contexto rural/urbano y la presencia de *E. coli* en el agua para consumo.

Entre las variables predictivas de la presencia de coliformes totales en el agua para consumo que resultaron significativas en los modelos se encuentra el contexto urbano o rural del municipio, el cual es significativo en los tres modelos (Tabla 8), en dónde las familias que viven en un ámbito rural, en este caso Celestún y Río Lagartos, tienen 8.6 veces los momios de presentar coliformes totales en el agua que consumen que aquellas familias que habitan en el área urbana de Progreso.

El manejo del agua embotellada fue otra de las variables con coeficiente significativamente distinto de cero, tanto en el modelo 2 (Beta= –1.19, p= 0.06) como en el modelo 3 (Beta= –1.15, p= 0.07). Así, las familias que le dan un tratamiento adicional a esta agua las que tienen 0.3 veces menos momios de presentar coliformes totales en el agua que consumen en comparación de las que no lo hacen (Tabla 8), práctica poco común entre la población por la idea de que el agua embotellada se encuentra en buenas condiciones para su consumo directo. Por otro lado, las familias que contaban con agua entubada al momento de la encuesta tienen 10.8 veces los momios de presentar coliformes totales en el agua que consumen, esto se explica por la alta presencia de estos microorganismos en el agua entubada de las tres comunidades (Tabla 8), sin embargo esta elevada presencia de coliformes totales en el agua de la tubería es similar al del agua embotellada que es consumida (Tabla 4).

Los ingresos per cápita de los grupos familiares conformaron otra de las variables predictivas (Beta= –0.27, p= 0.09) de la presencia de coliformes totales. Así, las familias con mayores ingresos tienen 1.3 menos momios de que el agua que consumen presente estos microorganismos, que aquellas con menores ingresos (Tabla 8). Esta situación llama la atención, dado que es un reflejo de cómo los procesos de retiro y falta de regulación del Estado en lo que al agua para consumo se refiere, están generando desigualdad en cuanto al acceso de las familias a agua no contaminada y de buena calidad para su consumo.

Tabla 7

Serie de modelos derivados de la regresión logística binaria para la probabilidad de que el agua para consumo presente E. coli

Variable dependiente: Presencia de *E. coli*	**Serie 1. Modelo 1**			**Serie 1. Modelo 2**			**Serie 1. Modelo 3**		
Variables independientes	Beta	Sig. (P)	Razón de momios	Beta	Sig. (P)	Razón de momios	Beta	Sig. (P)	Razón de momios
Área (rural/urbana)	0.386	0.35	1.47	0.68	0.15	1.97	0.49	0.34	1.63
Manejo agua embotellada				-0.22	0.71	0.81	–0.2	0.72	0.81
Consumo agua entubada				0.68	0.16	1.98	0.71	0.15	2.03
Con servicio de agua entubada				–0.27	0.75	0.76	–0.35	0.68	0.7
Olor del agua entubada				**0.94**	**0.06**	**2.57**	**0.95**	**0.07**	**2.57**
Jefatura (masculina/femenina)							–0.03	0.96	0.97
Escolaridad mayores de 13 años							–0.12	0.19	0.88
Ingresos PC (USD)							–0.13	0.29	0.88
Beneficiarios de programa gubernamental							**–0.89**	**0.09**	**0.41**
Constante	–1.514	0	0.22	-1.82	**0.04**	**0.16**	**–0.02**	0.98	0.98

Fuente: Elaboración propia.

La serie de modelos que tienen como variable dependiente la prevalencia de diarreas en menores de cinco años, indica que un menor de esta edad, perteneciente a familias que consumen agua con presencia de *E. coli* tiene 6.83 (Beta= 1.92; p= 0.003) los momios de presentar un episodio diarreico, que los menores que consumen agua sin la presencia de este patógeno (Tabla 9).

En términos de edad, los menores pertenecientes al grupo de 24 a 36 meses menos un día (Beta= 1.75, p= 0.02) presentan 5.7 veces los momios de presentar un cuadro diarreico que aquellos del grupo de edad de 0-24 meses menos un día (Tabla 9), presentándose la prevalencia más alta de diarrea infantil en el segundo grupo de edad (Tabla 5).

Tabla 8

Serie de modelos derivados de la regresión logística binaria para la probabilidad de que el agua para consumo presente coliformes totales

Variable dependiente: Presencia de Coliformes totales	Serie 1. Modelo 1			Serie 1. Modelo 2			Serie 1. Modelo 3		
Variables independientes	Beta	Sig. (P)	Razón de momios	Beta	Sig. (P)	Razón de momios	Beta	Sig. (P)	Razón de momios
Área (rural/urbana)	**1.76**	**0**	**5.84**	**2.36**	**0**	**10.59**	**2.16**	**0.001**	**8.64**
Manejo agua embotellada				**–1.19**	**0.06**	**0.3**	**–1.15**	**0.07**	**0.32**
Consumo agua entubada				0.36	0.49	1.43	0.29	0.58	1.34
Con servicio de agua entubada				**2.05**	**0.01**	**7.74**	**2.38**	**0.006**	**10.86**
Olor del agua entubada				0.98	0.14	2.67	1.02	0.14	2.77
Jefatura (masculina/femenina)							0.34	0.58	1.41
Escolaridad mayores de 13 años							–0.16	0.15	0.85
Ingresos PC (USD)							**–0.27**	**0.09**	**1.31**
Beneficiarios de programa gubernamental							–0.09	0.87	0.91
Constante	**0.43**	**0.09**	**1.54**	**–1.79**	**0.04**	**0.17**	–1.47	0.36	0.23

Fuente: Elaboración propia.

Conclusiones

Los resultados obtenidos en el presente estudio demuestran estadísticamente que la población costera de Yucatán consume agua con presencia de coliformes totales y *E. coli*, lo que produce estragos en la salud de los menores de cinco años en términos de prevalencia de diarrea, en un marco de ausencia de regulación por las autoridades correspondientes del agua para consumo, tanto pública como privada.

Esta situación se presenta a pesar de que la Norma Oficial Mexicana (NOM-230-SSA1-2002) establece claramente todos los procedimientos y medidas que el agua del suministro público debe seguir para poder ser usada y/o consumida sin riesgo por la población, así como los procesos de verificación por parte de la Secretaría de Salud. El único vacío legal que se encontró al hacer la revisión de la legislación referente al agua para uso y consumo humano y que es citado por otros autores (Cruz, 2009), es la periodicidad con la que se deben llevar a cabo las evaluaciones a las juntas municipales del agua por parte del Sector Salud, ya que en ningún momento se hace hincapié en algún tipo de periodo mínimo o máximo entre una examinación y otra a los distribuidores de agua. De tal modo, este aspecto ligado a la falta de regulación podría estar detrás de los altos índices de presencia de coliformes totales y *E. coli* en el agua de la tubería reportados en el presente estudio.

En cuanto al agua embotellada distribuida por las empresas locales, se pudo constatar cómo la falta de una reglamentación más rigurosa por parte de las autoridades en el ámbito privado (Ramírez, 2003) está permitiendo la venta y el consumo

Tabla 9

Serie de modelos derivados de la regresión logística binaria para la probabilidad de los menores de cinco año presenten diarrea

Variable dependiente: Diarrea en menores de cinco años	**Serie 1. Modelo 1**			**Serie 1. Modelo 2**			**Serie 1. Modelo 3**			**Serie 1. Modelo 4**		
Variables independientes	Beta	Sig. (P)	Razón de momios	Beta	Sig. (P)	Razón de momios	Beta	Sig. (P)	Razón de momios	Beta	Sig. (P)	Razón de momios
Área (rural/urbana)	0.19	0.71	1.21	0.003	0.99	1	0.12	0.86	1.13	0.23	0.76	0.79
Manejo agua embotellada				-0.48	0.55	0.62	-0.75	0.38	0.47	-0.62	0.48	0.54
Consumo agua entubada				0.29	0.62	1.34	0.33	0.61	1.39	0.02	0.97	1.02
Olor del agua entubada				0.02	0.97	0.98	0.05	0.94	1.05	0.52	0.49	0.59
Jefatura (masculina/femenina)							0.49	0.55	1.64	0.65	0.46	1.92
Escolaridad mayores de 13 años							0.03	0.82	1.03	0.12	0.44	1.12
Ingresos PC (USD)							-0.25	0.17	0.78	-0.26	0.17	0.77
Beneficiarios de programa gubernamental							-0.13	0.85	0.88	-0.07	0.92	0.93
Sexo del menor de cinco años							0.52	0.36	1.68	-0.02	0.97	0.98
Grupo de edad 2 (24-36 meses menos 1 día)+							**1.83**	**0.01**	**6.25**	**1.75**	**0.02**	**5.76**
Grupo de edad 3 (36-60 meses menos un día)+							0.76	0.31	2.13	1.15	0.15	3.16
Presencia Col. Totales en agua para consumo										1.08	0.35	2.96
Presencia de *E. coli* en agua para consumo										**1.92**	**0.003**	**6.83**
Constante	**-2.38**	**0**	**0.09**	**-2.34**	**0**	**0.09**	**-3.46**	**0.03**	**0.03**	**-5.53**	**0.01**	**0.004**

+Categoría de contraste: Grupo de edad 1 (0-24 meses menos 1 día).

Fuente: Elaboración propia.

de agua embotellada no apta para consumo humano en las poblaciones costeras yucatecas, a la cual generalmente no se le da un tratamiento adicional por ser considerada por la población como agua en buen estado. Esta último punto contrasta con el agua entubada que al ser percibida de menor calidad es en mayor medida tratada (hervida) por las familias que hacen uso y consumo de ella.

Respecto a las distintas formas en que se refleja la problemática abordada entre los municipios rurales de Celestún y Río Lagartos y la ciudad de Progreso, las únicas diferencias estadísticamente significativas se pudieron reflejar con la presencia de coliformes totales en el agua para consumo, siendo la población urbana la menos expuesta en relación a la población rural (Tabla 8). Estos resultados concuerdan con el hecho de que son los municipios urbanos con mayor número de contribuyentes de mayor capacidad de pago, los que tienen mejores condiciones para tener un mejor control del agua que es distribuida por las tuberías a los hogares, en comparación con los municipios rurales de menor tamaño y con mayores problemas de autofinanciamiento. Es posible que esta diferencia entre contextos se pueda constatar con la presencia de *E. coli* en el agua para consumo y la prevalencia de diarrea infantil en la zona, en un estudio con un tamaño de muestra más grande. La situación antes descrita también pudiera aplicar para la variable de ingresos per *cápita* cuyo coeficiente significativamente distinto de cero sólo se observó en el modelo de presencia de coliformes totales (Tabla 8).

El derecho al agua en buen estado para consumo no solamente en las poblaciones costeras de Yucatán, sino también a escala nacional, como indican otros estudios (Domínguez, 2010; Segrelles, 2007; Barkin, 2006 y 2011; Castro, 2003), sólo puede garantizarse y concretarse cuando se cuenta con instituciones fuertes y bien diseñadas que lleven a cabo una verdadera regulación de la iniciativa, tanto pública como privada, encargada de la distribución del recurso, en conjunto con una población informada y organizada que participe de forma activa en la gestión del agua y de los servicios que con ella se relacionan, exigiendo una buena calidad del recurso y formando parte en la construcción de alternativas viables en conjunto con las autoridades correspondientes.

Referencias

Barkin, David, (2006) *La gestión del agua urbana en México: retos, debates y bienestar.* México, Universidad de Guadalajara, 2006. ISBN: 9702708885; 336 + xxviii pp. 2-9.

Barkin, David, (2011) *La ingobernabilidad en la gestión del agua urbana en México. Retos de la investigación del agua en México.* Cuernavaca, CRIM-UNAM, Conacyt (2011), pp. 539-552.

Castro, J.E., (2003a) "Socio-political and cultural factors affecting private participation projects in water and sanitation services", en el informe del *Proyecto Barriers to and conditions for the involvement of private capital and enterprise in water supply and sanitation in Latin America and Africa: seeking economic, social, and environmental sustainability* (Prinwass), European Commission 5th Framework Programme, INCO-DEV, Universidad de Oxford.

Coalición de Organizaciones Mexicanas por el Derecho al Agua COMDA, (2013) http://www.comda.org.mx/documentos-de-las-organizaciones-integrates-de-comda-y-otros-espacios/boletines/9988-crisis-del-agua-en-progreso-yucatan [consultado del 18 de octubre de 2013]

Cochram G. William, (1998) *Técnicas de muestreo*. Editorial México, Continental México, 13ª reimpr. pp. 103-120.

Conapo, (2010) http://cat.microrregiones.gob.mx/catloc/Default.aspx?tipo=clave&campo=mun&valor=31 [consultado del 22 de sept. de 2013]

Cruz, M., (2009) "Encadenados al agua embotellada". *Emeequis*, 2-22.

Domínguez Serrano, Judith, (2010) "El acceso al agua y saneamiento: Un problema de capacidad institucional local. Análisis en el estado de Veracruz". *Gestión y Política Pública*, Vol. XIX, Núm. 2, pp. 311-350.

Ferreira-Guerrero E, Mongua-Rodríguez N, Díaz-Ortega JL, Delgado-Sánchez G, Báez-Saldaña R, Cruz-Hervert LP, Chilián-Herrera OL, Mendoza-Alvarado LR, García-García L. (2013) "Diarreas agudas y prácticas de alimentación en niños menores de cinco años en México". *Salud Pública México*, Vol. 55, supl. 2, pp. S314-S322.

García, Antonino y Martínez Álvaro, (2005) "Agua Doméstica en San Cristóbal de las Casas, Chiapas: entre la gestión local, la centralización y la provatización (1935-2004)". *Revista de Geografía Agrícola*, Núm. 35, pp. 135-149.

Graizbord, B., Bello Pineda J., Rodríguez Herrero P. y Gómez Mendoza L., (2009) "Adaptación a los impactos del cambio climático en los humedales costeros del Golfo de México". Vol. 1. Cap. 4.1 *Análisis socioeconómico de la zona costera del Golfo de México*. Secretaría de Medio Ambiente y Recursos Naturales (SEMARNAT). -Instituto Nacional de Ecología (INE-SEMARNAT), pp. 288.

INEGI, (2010). Página del Instituto Nacional de Estadística y Geografía "Censo de Población y Vivienda 2010" [consultada el 15/04/2014): http://www.censo2010.org.mx/

Laurell Asa, Cristina y Ortega María Elena, (1991) "Privatización de los servicios de salud". *Partidos Políticos*, Núm. 39, pp. 28-35.

López-Ramírez, Mario E., (2003) *Distribución y producción de agua embotellada en México: ¿agua para todos?* Guadalajara, Instituto Tecnológico y de Estudios Superiores de Occidente-Centro de Investigación y Formación Social CIFS - Ecología Política.

Mantilla G., Collí J., Pozo F. y Rivas A. (2002) "Saneamiento y salud: impacto de las enfermedades diarreicas agudas en la Península de Yucatán". *XXVIII Congreso Internacional de Ingeniería Sanitaria y Ambiental*. Cancún.

Martínez R. Aurora, López M. Magdiel, Segura E. Alan Oscar, Ortega S. José Luis, Figueroa V. Uriel, Cervantes F. Maribel, Ruiz B. Estela y Alba R. José de Jesús, (2012) "Microorganismos presentes en agua de bebederos de las escuelas públicas de la ciudad de Gómez Palacio, Durango causantes de gastroenteritis". *Revista Química Viva*, 3, pp. 210-228.

NOM-127-SSA1-2002, Norma Oficial Mexicana. Salud Ambiental, agua para uso y consumo humano. Límites permisibles de calidad y tratamientos a que debe someterse el agua para su potabilización.

NORMA Oficial Mexicana NOM-201-SSA1-2002, Productos y servicios. Agua y hielo para consumo humano, envasados y a granel. Especificaciones sanitarias.

Pérez y Pacheco, (2004) "Vulnerabilidad del agua subterránea a la contaminación de nitratos en el estado de Yucatán". Ingeniería, Vol. 8, Núm. 1, pp. 33-42.

Pulkingham, Jane, (1989) "From public provision to privatisation: the crisis in welfare reassessed", Sociology, vol.23, Núm. 3: 387-407.

Segrelles Serrano, José Antonio, (2007) "Geopolítica del agua en América Latina: dependencia, exclusión y privatización". *XVI Simposio Polaco-Mexicano*, Universidad de Varsovia, 28-30 de agosto de 2007 Departamento de Geografía Humana 03080-Universidad de Alicante (España).

Tamez González, Silvia y Eibenschutz Catalina, (2008) "El Seguro Popular de Salud en México: Pieza Clave de la Inequidad", *Salud. Rev. Salud Pública*, Vol. 10, supl. (1), pp. 133-145.

Uribe Gómez, Mónica y Abrantes Pêgo Raquel, (2013) "Las reformas a la protección social en salud en México: ¿rupturas o continuidades?" *Perfiles Latinoamericanos*, Núm. 42, pp. 135-162.

Vidal JE, Canizález-Román A, Gutiérrez-Jiménez J, Navarro-García F., (2007) "Patogénesis molecular, epidemiología y diagnóstico de *Escherichia coli* enteropatógena". *Salud Pública Mex*, 49, pp. 376-386.

Zar Jerrold, H., (2010) *Biostatistical Analysis*. 5a ed. Pearson Prentice-Hall, Upper Saddle River, 944p. Cap. 23, pp. 490-510.

Capítulo 5

Reflexiones finales

Por Rubén de J.Solís Mecalco[18]

Los estudios de caso expuestos en el presente libro evidencian los graves problemas de contaminación del agua que existen en las zonas costeras de Manta, Ecuador, y Yucatán, México, en donde la falta de información confiable y de voluntad política por modificar la situación convergen para obstaculizar el avance en la solución de las diversas problemáticas que merman la calidad de un recurso tan vital para el ser humano, como lo es el agua.

Tanto en el caso del puerto de Manta en Ecuador, como de la costa de Yucatán en México, se pudo constatar la falta de coordinación entre las instituciones competentes y la ausencia de una aproximación holística a la búsqueda de soluciones a los problemas ambientales y de salud de las poblaciones humanas asentadas en las zonas, así como negligencia en la aplicación de las legislaciones vigentes relacionadas con el recurso hídrico. Por ello es de gran importancia, no sólo generar estudios de esta índole, sino dar a conocer los resultados de éstos a las autoridades para que puedan tomar decisiones informadas y hacer una mejor gestión del recurso, así como a la población en general para que tome conciencia de la calidad del agua que utiliza, ya sea marina, potable o para consumo humano; si bien los efectos en la salud aún no son claros.

Tal es la magnitud del problema que un informe de la ONU resultado del IV Foro Mundial del Agua (2006), concluye que la mala gestión y la corrupción son factores fundamentales en el agravamiento de la crisis del agua a escala mundial. Por lo que incorporar el ámbito político-social al análisis de la problemática del agua en la actualidad es de vital importancia para lograr avances en la materia; ya que el lento avance y el retroceso en algunos puntos, son consecuencia de problemas estructurales muy complejos, como los abordados en el presente libro.

[18] Maestro en Ciencias en Recursos Naturales y Desarrollo Rural. Asistente de investigación en El Colegio de la Frontera Sur, México, rubjsol@gmail.com o rsolis@ecosur.edu.mx

Una cuestión que no se abordó de manera explícita aquí, pero que sin duda sería interesante explorar, es la relacionada con las experiencias comunitarias de la gestión del agua en la región, en donde la población local tiene gran participación en la construcción de propuestas acerca de cómo abordar las diferentes problemáticas relacionadas con el agua y ha planteado soluciones perfectamente viables a escala local.

Es un hecho que el derecho al agua salubre para uso o consumo, no solamente en las poblaciones costeras, sino también a escala mundial (Barkin, 2011; Domínguez, 2010; Segrelles, 2007), sólo puede garantizarse y concretarse cuando se cuente con instituciones fuertes y bien estructuradas que instrumenten una verdadera regulación de la iniciativa, tanto pública como privada, encargada de la distribución del recurso, en conjunto con una población informada y organizada que participe de forma activa en la gestión del agua y de los servicios que con ella se relacionan, a la vez que exija buena calidad del recurso y forme parte en la construcción de alternativas viables en conjunto con las autoridades correspondientes.

Referencias

Barkin, David, (2011) "La ingobernabilidad en la gestión del agua urbana en México". *Retos de la investigación del agua en México*. Cuernavaca, CRIM-UNAM, Conacyt, pp. 539-552.

Domínguez Serrano, Judith, (2010) "El acceso al agua y saneamiento: Un problema de capacidad institucional local. Análisis en el estado de Veracruz". *Gestión y Política Pública*, Vol. XIX, Núm. 2, pp. 311-350.

Organización de las Naciones Unidas (ONU), (2006.) *Síntesis del IV Foro Mundial del Agua*. Instituto Nacional para el Desarrollo Sostenible (IIDS), Vol. 82, Núm. 15, México., http://www.iisd.ca/crs/worldwater4/html/ymbvol82num15s.html [consultado el 15 de mayo de 2015]

Segrelles Serrano, José Antonio, (2007) "Geopolítica del agua en América Latina: dependencia, exclusión y privatización". *XVI Simposio Polaco-Mexicano*, Universidad de Varsovia, 28-30 de agosto de 2007. Departamento de Geografía Humana 03080-Universidad de Alicante.

La calidad del agua y sus diversas implicaciones sobre las poblaciones asentadas en las zonas costeras de América Latina. El caso de Ecuador y México se terminó de imprimir en marzo de 2016, en Impresiones DM, Ángel del Campo 14-3, Obrera, CP 06800, Ciudad de México, México. El cuidado de la edición y corrección de textos estuvo a cargo de Lurdes Asiain. El diseño de la obra estuvo a cargo de Adrián Ramos Garza. Diseño de portada: Daniela Gallardo Olimón
El tiraje fue de 500 ejemplares en papel bond de 90 gr 1x1 para el interior y para la cubierta se utilizó cartulina couché de 350 gr, con laminado mate.
Impreso en la Ciudad de México
Printed in Mexico City